いいね！日本酒

はじめての美味しい１杯

上杉孝久

WAVE出版

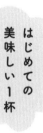

はじめに「日本酒が気になるあなたへ」

たまのお休み。温泉につかり、湯上がりに浴衣姿で、美味しいお料理を前にお気に入りの日本酒で癒される。

今、日本酒に興味を持ち、進んで学ぶ女性が増えています。

そのような女性たちへ日本酒の色々な情報をお伝えするために、30年近く様々なシチュエーションで飲めるお店を経営してきました。そこでわかったことは、女性の発信力の高さです。

生演奏の音楽を聴きながら吟醸酒が飲めるサロン風の店や、地酒の三杯セットが飲めるテイスティングバーなど、女性は「素敵なお店だな！」と気に入ると、競って友人、知人、家族などにどんどん広げてくれました。しかも毎日来店してくださるコアな方も多いのです。

私が日本地酒協同組合という全国の小さな酒蔵だけが集まる組合の専務理事だった時に、試飲催事や日本酒のフェスタを催したり、女性のための日本酒セミナーを開設しました。

参加してくださる女性たちは目を輝かせながら日本酒の美味しさと魅力を発見し、日本酒に関する講演に耳を傾けてくださいます。

その姿を見て「いいね！　日本酒」と思ってもらえるような本を出そうと考えたのです。

もし、あなたが「日本酒って興味があるけれど、種類も多いし難しそう！」と感じているのであれば、ぜひこの本を読んで日本酒を試してみてください。

全く日本酒が飲めない方、飲んだことがない方、大好きだけど量が飲めない方

そんな方々も大歓迎です。

日本の文化が変わるように、日本酒の楽しみ方も変わってきています。

日本酒がわかれば、日本の文化をより深く知ることができるでしょう。

なぜならば日本酒は日本の文化そのものだからです。

さあ、日本酒の「いいね！」を探してみましょう。

いいね！ 日本酒 目次

第3章 日本酒の基本の「いいね！」

装幀　小野里恵
イラスト　ささつゆ（心和DESIGN）
DTP　野中賢（株式会社システムタンク）
編集　高田ななこ（WAVE出版）

第1章

「いいね！」お店の日本酒

お店選びは見た目が大事

私自身が30年以上、お店を何店か経営し、また飲食店の取材を長く行っているからでしょうか、ぶらりと入ったお店や、ガイドブックを見て選んだお店で、外れたことはほとんどありません。まずはお店の見極め方を教えます。

チェーン店でも、小料理屋でも、看板、のれんなどが汚れている飲食店はおすすめできません。長く続いている古いお店でも、衛生管理がしっかりしていればきれいです。古いのか、ただ汚れているだけなのか、見極めましょう。看板ものれんもお店の顔ですから、汚れているお店はきっと店内も汚れているでしょう。サービスも料理やお酒の質も期待できません。

美味しい日本酒を飲めるのはきれいな見た目のお店から。

これをしっかり押さえておきましょう。

居酒屋チェーン店の日本酒「いいね！」

チェーンの居酒屋は「日本酒の種類が少ない」「日本酒のことを聞いても答えられるスタッフがいない」「料理のメニューがいい加減」など、悪く思われがちですし、実際にそのような声を聞いたことがあります。

全てのチェーン店が本当にそうでしょうか。最近は本当に驚くほど安く飲めて食べられるお店が増えていますね。私はこういう安く飲めるお店も好きです。メリットは**とにかく安い！　これに尽きます**。だって飲み放題付きで3000円くらいですよ。しかもお腹が膨れるほどの料理が付いています。

悪く言う人はチェーン店の楽しみ方を知らないのです。チェーン店おすすめの食べ方、飲み方を教えます。

付きだし・お通しを楽しむ

付きだしですが、今のチェーン店は以前に比べてだいぶ変わりました。かなり美味しい付きだしを出すチェーン店が増えてきたのです。以前は1kg入りの袋に入っている、業務用のきんぴらや、ひじきの煮つけなどが多かったのですが、最近は店のコンセプトに添った付きだしを用意する所が増えています。「お通し無しで」などと言わずに、何が出てくるのか、楽しみにしましょう。

飲み放題の1杯目は瓶ビール

チェーン店で飲み放題の時に、最初に何を飲むかが問題です。喉が渇いている時が多いので、「**取り敢えずビール**」とします。その時に瓶ビールがあれば、瓶ビールを頼みましょう。

例えば15人行って全員が生ビールを頼むと、最初に注いだビールの泡は消えているか、最初から泡を出さないように注いで、最後に泡をのせるかのどちらかです。ビールは泡が命です。泡をガンガン立てて注いだ方が美味しいのです。

ですから私は飲み放題の店ではほとんど瓶ビールを頼みます。自分で注いだ注ぎたての瓶ビールの方が、いい加減に注いだ生ビールよりもずっと美味しいからです。

2杯目に日本酒

次に何を飲むかは好みの問題です。飲み放題メニューの日本酒は指定できない場合が多いですね。あっても冷酒か燗酒のチョイスしかできません。

しかしここであきらめてはいけません。もしかすると普段飲んだことのない、あるいは飲むチャンスのない日本酒を飲むことができるからです。例えば、2ℓで1000円以下の純米酒とか、パック酒が出てくるかもしれません。

そしてこれが意外と美味しく感じる場合も多々あります。美味しかったら**「この美味しいお酒の銘柄はなんですか？」と聞いてみましょう。**

日本酒が美味しくなかったら!?

もしその日本酒が美味しくなかった場合は、グラスワインを頼みましょう。グラスワインは飲み放題メニューに必ず入っています。グラスワインは決してまずくはないですし、日本酒より外れは少ないからです。

そしてこのワインを日本酒の代わりに飲むのも良いのですが、**美味しくなかった日本酒と1：1でブレンドして飲んでみてください**。新しいアルコール飲料の発見になります。白でも赤でも良いのですが、それぞれ違った風味

になります。両方試してみてください。

だまされたと思ってやってみましょう！


このようにチェーンの居酒屋での楽しみ方はたくさんあります。しかも安くて満腹になれるのですから、しめたものです。

少しお値段の高い居酒屋チェーン店だと、驚くほど種類豊富な日本酒を置いてある店が増えています。しかも三杯セットとか、今までは専門店でしかやっていない飲み方も提案しています。

お酒の説明ができる専門家はいない店が多いですが、メニューの説明がかなりしっかりと書いてあるので、参考にしてください。

また、自分たちでじっくりと選べるので、何人かで行くとそこそこの種類を同時に味わうこともできます。

予算と気分に合わせて、さまざまなチェーン店で日本酒を試してみましょう。

気軽に入ることができる大きな日本酒専門店

店頭に有名銘柄のお酒がたくさん並んでいるお店がありますね。

こういうお店は「たくさんの種類を揃えてます！　どんなご要望にもおこたえします！」とアピールしています。お酒の説明は通り一遍かもしれませんが、お客様に「あとはお好きに」と判断を委ねているといえます。

実は、このようなお店の方が、日本酒の初心者の方にはとても便利なのです。

なぜなら、**話題の銘柄を気楽に飲めるから**です。**興味のあるお酒を少量ずつ味見することもできる**ので、自分好みのお酒を探すのに、とても適しています。

そしてお店の人もあまり深く話しかけてこないし、日本酒の知識自慢をしたがる絡み客が少ないのも利点です。

思い切って飛び込む小さな日本酒専門店

手ごわいのは亭主が日本酒選びにこだわった日本酒専門居酒屋です。小さい店が多いので、まず敷居が高い。勇気を持って入っても常連さんが多くて、まず強烈な視線を感じると思います。それでうっかり空いている席に座ると、とんでもないことが起きる場合があります。その席が、その日はまだ来店していない常連さんの中でも、名主的な存在の超常連席だったりします。とにかく**お店の人がすすめる席に座りましょう**。

まずドリンクメニューが出ます。聞いたことのないようなビール（ビールはない場合もあります）や日本酒が数種類だけ。「え、わからない⁉」と思いますよね。多分その店専用のオリジナルのお酒（銘柄もオリジナル）をメインに、入手がしにくい小さな蔵のお酒だけが並んでいます。

多分、自分が行って気に入った蔵のお酒だけをメニューに入れてあるのだと思います。メインのオリジナル日本酒は、店長かオーナーがその蔵と昵懇《じっこん》の間柄なので、特別に醸《かも》してもらっているのかもしれません。

こういう店の亭主（もはや店長などと軽い名前では呼べない威厳があります）は流行りの日本酒は絶対に置かないものです。

でもここで挫けてはもったいないですよ。

余計なことは言わずに、「**不勉強なので良くわかりません、最初のお酒とおつまみを選んでいただけないでしょうか**」と言いましょう。

これであなたはこのお店にしっとり溶け込むことができると思います。常連さんたちも「若いのになんて素敵なことが言えるお嬢さんだろう!」と言葉には出しませんが、もう仲間として認めてくれているはずです。

さらにこのようなお店はお客様の質も良いので、女性一人で行っても、酔っ払いに絡まれることも少ないはずです。仮にそういったお客様がいても、亭主がビシッと遮ってくれますので、安心して一人酒が飲めます。

ただ、女性同士で行っても静かに飲むことを忘れないようにしましょう。日本酒を楽しく学ぶお店ですから。

会話が楽しい日本酒BAR

最近増えてきた形態の日本酒専門店です。カウンター形式のお店が多いので、お店の方と話を楽しみながら飲めるお店です。

日本酒テイスティングバーの良いところは、**少ない量で多くの種類のお酒が飲める**こと。スタッフと話すことで、飲んでいるお酒の情報が一緒に入って来ること。そのお酒に合ったおつまみが良いタイミングで出てくることです。

反面、どうしても価格は高くなるので気に入ったＢＡＲに出会ったら気楽にちょっと立ち寄る程度でいいので、こまめに行きましょう。

私が百貨店の日本酒売り場のとなりで、１９９２年から営業していたのも日本酒ＢＡＲでした。百貨店のお酒売り場と連動し、売り場に置いてあるお酒を紹介することを目的としたお店です。お客様にはまず、味わってもらいたかったので、テイスティングにこだわりました。

一気に数十種類を置くわけにはいか

酒蔵からのお祝の特別ラベルです
周年祝
○○酒造
祝

ないので、毎日５種類ずつお出ししていました。１銘柄の量は60㎖と90㎖の２種類を用意しました。

百貨店の中ということもあり、昼過ぎから閉店の21時まで、圧倒的に女性が多いお店でした。デパ地下ブームもあり、そのデパ地下に本格的なＢＡＲまであるというので、テレビなど、毎月多くのマスコミに取材していただきました。おかげさまで本当に多くのお客様に恵まれましたが、デパートの改装を機に、20年間の営業に幕を下ろしました。

こだわりの燗酒専門店

最近、「燗酒専門店」という形態も増えてきました。日本酒は**それぞれのお酒により美味しい温度帯が違います**。それを完ぺきなお燗にしてくれる店が増えているのです。燗酒の新しい時代の始まりといっても良いと思います。

たまに「このお酒は燗にしてはもったいない！」という言葉を耳にします。今では考えられないかもしれませんが、劣化したお酒を飲ませるために舌がやけどしそうな程、熱くお燗をした時代がありました。大戦後の米不足の影響で昭和40年代頃までは、美味しくなくなったお酒を超熱燗にして出していたのです。そのため燗酒に悪いイメージがついてしまったのです。その話を最近の若い人にしたところ、「何でそうまでしてお酒を飲んでいたのですか？」と、言われてしまいました。その頃はカラオケもありませんし、娯楽の種類が少なかった時代です。お酒を飲むということ、つまり「酔う」という事が楽しかったのでしょう。酔うためのお酒が「アツアツの燗酒」であり「安いウイスキーのハイボール」でした。

でも最近は違います。どんなお酒でも、燗酒にして飲みたいという若い方が意外と多いのです。お燗にするとアルコール度数が少し低くなり、飲みやすくなります。同時に甘さが出てきます。38度くらいが甘さを一番感じる温度です。甘いものが好きな若い女性が燗酒にはまるのも、この甘さを感じるからではないでしょうか。

最近多くのお店のメニューに「熱燗」と書かれている場合が多いですね。これは大変困ったことです。熱燗とは50度以上の温度をいい、この温度帯に耐え

られるお酒は限られています。ですから正確には「燗酒」と書かなければいけません。（詳しくはP.42へ）

気づかいのできるお店は電話予約でわかる

お店の人との会話は予約からはじまります。ネットやメールで予約する場合は気にしなくて良いのですが、電話で予約をする際には時間に気を付けましょう。

お店が忙しい時間、ランチをやっている店ならば12時から13時過ぎ、夜ならば19時から21時。これらの時間帯はよほど大きなお店以外は、電話の対応に困る時間帯です。特に繁盛店であればなおさらです。では、予約の電話はいつ頃したらよいのでしょうか？ 11時までの午前中（あまり早いと予約を受け付けるスタッフがいないので、気を付けてください）、16時から18時。この辺りがベストです。

私は予約をお受けする時には、できるだけ細かいことをお尋ねしました。**どういう会合なのか、男女比、予算**などです。さすがに店が忙しい時は無理ですが、うかがっておくと、お客様の満足度は跳ね上がります。

店の側から見ていると、スタッフと会話を求めているお客様なのか、静かにお酒を飲みたいお客様なのか、一目でわかります。店の方針にもよるでしょうが、積極的に話しかけてこられる方に対しては、店側も積極的に対応します。もちろん、お酒やお料理に関しての話ですが。

お料理やお酒の情報をお伝えすることは、さらに美味しく感じていただけるので、積極的に質問していただく方は大歓迎です。わからない質問は専門家(利き酒師、ソムリエ、料理長など)がお答えします。このような時にきちんと答えられるかどうかも、店を選ぶ時の重要な条件です。

お店の人は最高のアドバイザー

ある時に女性3人のグループが私の店へいらっしゃいました。しばらくすると、熱心に今度行かれる四国旅行の話をし始めたのを、スタッフが気づき、私にこう言いました。

「愛媛のお酒を試飲していただきましょう！」

もちろん快諾です。スタッフが小さなグラスに愛媛のお酒を持って行き、試飲していただきました。お客様は大喜びでした。それ以来、この3人の女性は素敵な顧客になってくださいました。旅行仲間だそうで、もちろん日本酒も大好きです。旅行へ行く前に、必ず来店してくださり、「次に行く場所にある酒蔵を紹介してほしい」というリクエストもくださるようになりました。酒蔵も大喜びで迎えてくれるので、ますます店のファンになってくれました。

日本酒は料理と一緒に楽しもう

たまにお酒だけ数種類頼み、鑑評会の審査員のような難しい表情でお酒を飲んで帰られるお客様がいらっしゃいました。つまみのものは一切何も頼まなかったのが印象的でした。

日本酒は料理と一緒に飲んでこそ味わいが深まります。例えば、東北の名産品に「ホヤ」があり、かなり独特の風味がします。このホヤを口に入れて、そこに日本酒を含むと、ホヤの中に眠っていた美味しさが瞬時にあふれてきます。

これは日本酒とホヤが合わさったからこそ生まれた味わいです。お店には日本酒に合う料理があるので、せっかくなら料理と一緒に楽しみましょう。

体に優しく飲むための秘策を伝授

まず、空腹でお酒を飲むのはやめましょう。腸でアルコールを早く吸収してしまうので、酔いやすくなります。腸の吸収を抑えるには油脂分を先に少しだけ摂ると良いですよ。オリーブオイルをスプーン1杯舐めるとか、レーズンバターを食べるのが理想的です。

油脂分は嫌だという方はカテキンでも良いので、**飲み会前に緑茶を飲むのがおすすめ**です。

お酒を飲みながら、あるいは飲んだあとにできることは、**飲んだお酒の量以上のお水を飲むことです。**三合飲んだら600㎖以上の水を飲むと、次の日すっきり目覚められます。

以前は「日本酒が薄まるから水は飲まない」という方がかなりいました。しかし日本酒はアルコール度数が16～20度という醸造酒では世界一高いアルコール度数を誇っています。蒸留酒になるとウイスキーは42度、焼酎は25度から40度前後と非常に高いアルコール度数です。（詳しい話はP.70へ）

従って蒸留酒を頼むとチェイサーという水が出てくるか、水割りやソーダ割りにします。しかし日本酒やワインは水が付いてきませんね。

では、なぜアルコール度数が高いお酒には水が付いてくるのでしょう。二日酔いを経験された方はご存知のように、二日酔いの朝はものすごく水が飲みたくなります。それは脱水症を起こしているからです。また脱水症により、飲んでいる最中も頭が痛くなったりします。お酒を飲みながら水を少しずつ飲むと脱水症が防げます。従って二日酔いになりにくくなるのです。

さらに、**お酒を飲みながら水をチビチビ飲むことにより、口が洗われてきれいになる**ので、お酒もお料理も美味しくいただける効果もあります。また、飲むスピードも遅くなるので、飲酒量も抑えられるでしょう。

石川県の酒造組合が「和らぎ水」という名でこのような飲み方を推奨して以

来、日本酒専門店を中心に飲酒をしながら水を飲む習慣が、かなり広まってきました。でもまだ水が出てこないお店も多いので「人数分のお水をください」と頼みましょう。その時に一緒に飲んでいる方に、水を飲む理由を話すと喜ばれます。

楽しく、美味しく、次の日も爽快になるために、ぜひ同じ量の水を飲むことを心掛けて、お友達にもすすめてください。

二日酔防止
油脂分を先に。
OLIVE OIL
バター
「和らぎ水」をお酒の量以上に。
おいしいお水をどうぞ
和ぎ水

第2章

「いいね！」おうちの日本酒

はじめての家飲みセッティング　ひとり飲み編

はじめてお酒を買おうと思った時に、狭い空間の酒屋さんで買うのって、かなり勇気がいりますよね。そんな時はデパ地下のお酒売り場で展開されている**試飲ができて、販売をしている週替わりのコーナー**がおすすめです。酒蔵の人がはっぴを着て売っていて、しかも売り手が女性の場合も多く、相談しながら選べるからです。

そこで「はじめて日本酒を買います！」と言うと、ほとんど一番高いお酒、大吟醸を試飲させてくれます。大吟醸は大変フルーティで飲みやすいので「日本酒って美味しい！」と思われるでしょう。難点は値段が高いことです。

選択肢としては2つあります。予算と相談してみましょう。

①せっかくなので「**思い切って買う！**」

②味が似ているけれど少し安い「**純米吟醸の生酒を買う！**」

お酒が決まったら「どんな器で飲んだら良いの？」「おつまみは何？」と考えますよね。日本酒はお猪口で飲むと思っても、一人暮らしだと家にあるのはマグカップか、少しお洒落なジュースを飲むのに使っているグラスか、お茶を飲む湯飲みくらいではないでしょうか。

そんな時は**その中で一番小さい器を選びましょう**。

大きい器が悪いわけではないのですが、いつまでも飲みきれないままカップの中にお酒が残ってしまいます。そうすると空気に触れる時間が長くなるので、大吟醸にとって大切なフルーティな香りが飛んでしまいます。だから小さめな器が良いのです。

あるいは高級プリンが入っていた陶器の容器など、気に入ったデザインのものがあれば取っておきましょう。日本酒を飲む雰囲気も良くなりますよ。

次はおつまみです。奮発して高い日本酒を買った方は、おつまみは安く抑えたいですよね。そこで、**安い・手軽・日本酒に合う**おつまみを紹介します。

カットチーズ：チルドコーナーで売っているもので大丈夫です。チーズの濃厚さと大吟醸の味が別々に感じますが、相性は良いです。

レモンの輪切り：大吟醸のフルーティな香りが増幅されて、さらに爽やかさが際立ちます。

クリームサンドクッキー：大吟醸に合うの？と思われる方もいるでしょうが、口の中はまるでバニラシェイクのような味わいです。

オレンジピール：このまま大吟醸と凍らせたら、オレンジのソルベのような感じになります。

ビターチョコレート：カカオのほのかな甘みと大吟醸の甘みがマッチします。

どれも実際に私が感じた感想です。結論からいうと、大吟醸の持っている軽快でフルーティな香りを楽しむには、従来の日本酒のおつまみよりも、意外なものが合います。特にフルーツは大吟醸の持つ多くの特徴を際立たせてくれますので、色々なフルーツと合わせてみましょう。おもしろいですよ。

はじめての家飲みセッティング　飲み会編

何人かで家飲みをする時に、まず困るのは日本酒を飲む器ですね。簡単なのは百均で**小さめのプラスチックのカップ**を買うことです。紙コップは数分で強烈な紙の香りが出てくるものが多いので、プラスチックのカップの方が良いと思います。

また参加の皆さんにお気に入りのグラスなどを持ってきてもらうのも、かなり盛り上がりますよ。

忘れてはいけないのが水です。ひとり飲みの時と違い、かなりの量のお酒を飲んでしまいます。次の日に二日酔いにならないためにも、水を飲みながらお酒を楽しんでください。

いよいよ大事な日本酒選びです。日本酒好きの集まりであれば、**皆さんに1本ずつ、ついでにおすすめのおつまみも一緒に持ってきてもらうと楽しい**です。

もしお酒もおつまみも全て自分で選んで用意しなくてはならない場合でも、

みんなが楽しめる方法をお伝えします。

まず、**お酒はかなり重いので、配送してもらうことを前提にしましょう。**もし自分の気に入っているお酒があれば、その酒蔵のオンラインショップで何種類か揃える方法もあります。

お酒の選び方例

季節のお酒：しぼりたて生酒、にごり酒、夏限定の夏酒、秋のひやおろし等。（詳しくはP.１００）

スパークリング：乾杯に使うには最高です。

純米酒：どの蔵も定番のお酒です。

純米吟醸：迷った時は、一番おしゃれなラベルを選ぶと案外アタリ！

大吟醸・純米大吟醸：試飲して感動したら買いましょう。

古酒：数年から30年くらい寝かせたお酒です。上級者向けといえるでしょう。

貴醸酒《きじょうしゅ》：お酒でお酒を醸した甘めな高級酒。バニラアイスにかけても絶品！

最低3種類選ぶとしたら、「**季節のお酒**」「**スパークリング**」「**純米吟醸か純米大吟醸**」です。この3種類を飲むと、かなり違うのでわかりやすいでしょう。

次は、いくつかの酒蔵からお酒を選ぶ時、まずは**自分の出身県のお酒は必ず選びましょう**。生まれた市や町のお酒があればさらに良いですね。少なくとも地元の話ができます。ここで気を付けたいのが、参加者の地元のお酒を選ぶかどうかです。同じ県でも強烈なライバル意識がある地域がかなりあるので、地元のお酒にこだわる人が参加する場合は避けるのが無難です。

価格帯、ラベルの斬新さ、北から南まで偏らない、そのような条件で目星を付けてから、お店の人に判断してもらうと良いでしょう。

次はおつまみです。日本酒はほとんどのお料理に合わせることができるお酒です。あまり心配をしないで、選んでみてください。特に万能なものを紹介します。

豆腐：口をきれいにしてくれるのでお酒が美味しくなります。塩とオリーブオイルを掛けて、おしゃれな食べ方も楽しいです。

チーズ：発酵食品なので日本酒に合います。（詳しくはＰ.１２７へ）

フルーツ：スパークリングや生酒、吟醸酒系と合わせるとお酒の味がさらに広がります。

羊羹：普段あまり食べないでしょうが、ミニ羊羹など小さな羊羹をサイコロ状に切り、純米酒などに合わせてください。古くて新しい味に感動します。

チョコレート：少しビターなものからミルク系まで揃えて、それぞれのお酒に合わせてみましょう。新しい発見がありますよ。

焼き芋・蒸かし芋とマスカルポーネチーズ：これは最高のおつまみです。できれば安納芋が良いです。お芋のみをほぐしてお芋の量の半分くらいのマスカルポーネチーズと混ぜます。ねっとりして濃厚でどのお酒にも合います。

はじめての家飲みセッティング　オンライン飲み編

新しい飲み会の形です。色々なパターンがあります。

友達とのオンライン飲み

一番気楽に盛り上がることができるパターンです。日本酒にこだわらず、好きなドリンクを用意して、それに合うおつまみも自由にします。もちろんノンアルコールもＯＫです。終電など気にすることがない分、延々と続いてしまうので抜けにくいのが欠点です。主催者はあらかじめ時間を決めておきましょう。

日本酒好き仲間のオンライン飲み

日本酒初心者でも楽しめる会にするのがおすすめです。例えば、一人詳しい友達を呼んで「今度日本酒に興味がある初心者ばかりの会を行うから、教えてほしい」と頼むと良いですよ。

その時に、参加者が自分と関係のある地方のお酒を持って参加してもらう等、**テーマを決めると会に深みが増します**。おつまみもできれば同じ地方のものが楽しいですね。かなり勉強になると思います。終わると日本酒が身近に感じられることでしょう。私は教える側として呼ばれることが多いのですが、とても皆さん熱心です。何よりも距離を超えて全国から集まれるのがメリットです。

酒蔵の人を囲む会

今まではどこかのお店が主催するかたちで、年間かなり多くの会が開かれていました。それをオンライン飲み会で行うと、かなり様子が変わります。

メリットとしては**酒蔵の人がわざわざ地方から出てこなくて済むのでコストが抑えられます**。これは参加者もそうですよね。

実際に私が主催したやり方を紹介します。

まず酒蔵を決め、メールか電話で連絡をします。

「今度御蔵のお酒を使って初心者だけの日本酒会をオンラインで行うので、どなたか参加していただけないでしょうか？」と伝えれば大丈夫です。

日時を決めて承諾してくれたら、次に参加者を募集します。**参加者にはオンライン飲み会までに、その蔵のＨＰからお酒を買っておいてもらうことが重要**です。

当日はその蔵の方を中心にして、会を進めていきます。酒蔵の人の話を聞き、実際に味わうことで、日本酒に愛着が湧き、お気に入りの一杯を見つける近道となるでしょう。ぜひ気軽にオンライン飲み会に参加してみてください。

もし、既に気に入ったお酒がある人は、オンライン飲み会を企画してみるのもいいですね。

おうちで燗酒を楽しむ

燗酒は「作る」とは言わず、「つける」と言います。美味しくつけるコツは、**とにかく慌てないこと、**そして**湯煎でつけること**です。

本当は水から沸かしていくのが良いですが、お湯からつけても大丈夫です。お酒を徳利に移して、お湯に入れるか、さらに美味しい燗酒を飲みたければ「錫《すず》ちろり」という燗酒専門の燗つけがあります。錫ですと熱伝導率が悪いのでゆっくり温まります。時間は少しかかりますが、美味しい燗酒ができます。

電子レンジは早くて良いのですが、温めるのではなく分子同士を摩擦して熱を出す方式なので、風味が損なわれてしまいます。

日本酒を温める温度には、最低3段階の分け方があります。おすすめのお酒と一緒に紹介します。

ぬる燗：40度前後　吟醸、純米吟醸、大吟醸、純米大吟醸、純米
上燗《じょうかん》：45度前後　本醸造、純米、純米吟醸
熱燗：50度以上　本醸造、純米

それぞれの好みの温度帯で飲めば良いと思いますが、目安として**38度くらいが日本酒が一番甘く感じる温度**です。それ以上の温度は辛くなっていきます。

3段階の分け方以外に6段階もあります。30度前後の日向燗、35度前後の人肌燗、60度以上の飛び切り燗です。実はもう一つ80度以上の「こりゃい燗」があります。

また温度が高くなるほど、アルコール分が少し揮発するのでアルコール度数が低くなります。それぞれのお酒の適温がありますが、あくまでも目安です。

自分でお燗をつけながら、味見をしてください。少しの温度の違いで驚くほど風味が変わることを実感できます。自分が納得のいく味が適温です。

卓上で燗酒を楽しむのに、電気ポットが便利です。今は細かく温度設定できるものもありますから、お酒を好みの温度に保つことができます。自由に自分の好きな温度で飲んでみて、好みの温度を探るのも楽しいものです。

私の講座で「一升瓶のお酒を６温度帯にして利き酒をする」という人気のテーマがあります。本当に違いがあるのか？と思われる方が多いのですが、全く違う味わいになるので、皆さんとても驚かれます。

このように日本酒は温度帯で別の顔を持つ、世界でもまれなお酒なのです。

ぜひ試してその味わいの絶妙な変化を感じてみてください。

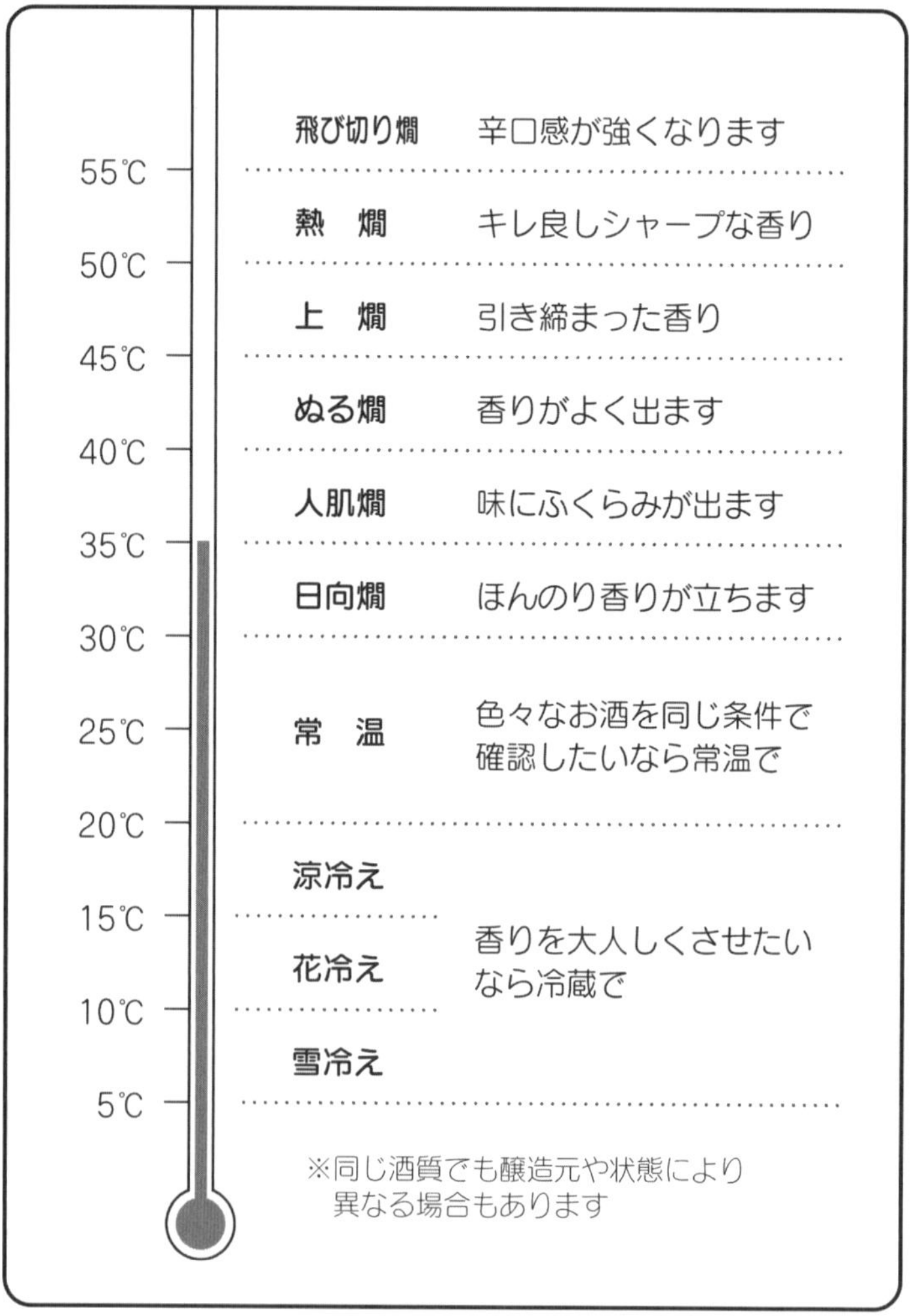
55℃
50℃
45℃
40℃
35℃
30℃
25℃
20℃
15℃
10℃
5℃
飛び切り燗　辛口感が強くなります
熱　燗　キレ良しシャープな香り
上　燗　引き締まった香り
ぬる燗　香りがよく出ます
人肌燗　味にふくらみが出ます
日向燗　ほんのり香りが立ちます
常　温　色々なお酒を同じ条件で確認したいなら常温で
涼冷え
花冷え
雪冷え
香りを大人しくさせたいなら冷蔵で
※同じ酒質でも醸造元や状態により異なる場合もあります

燗酒の歴史

最近燗酒が注目されています。品川駅の改札口の中に大きな燗酒専門店があります。改札口の中ですよ！　以前では考えられないことでした。

１９８５年頃の吟醸酒ブームや１９８９年頃の生酒ブームの時に、日本酒を冷やして保管するお店が増えました。デリケートな吟醸酒や、まだ酵母菌が生きている生酒は冷蔵保存をしないと、酒質が変化してしまうからです。その後、居酒屋でも日本酒を揃えている店はグラスまで冷やして出すのが普通になってしまいました。サービスのつもりかもしれませんが困ったことです。

生酒は広がっていった一方、日本酒の味が均一になってしまったというデメリットがあるからです。特に吟醸酒系の日本酒は冷やしすぎると、香りが立たなくなり、どれを飲んでもかわり映えのしない味になってしまいます。

その反動でもあるのでしょうか。「お酒を温めて飲むとどうなるの？」と興味を持つ方が増えてきて、人気になったのだと思います。

燗酒は平安時代にはもうありました。当時の大臣就任の宴では、最初にお酒を温める準備がなされ、専任の人が燗酒をつけたという記録が残っています。

その後どの時代でも燗酒の文化は続き、江戸時代には燗酒に便利な一合徳利が開発され、広く普及するようになりました。特に**おもてなしのお酒は燗酒と決まっていました**。

お客様に冷ご飯は出さないのと同じ感覚です。お酒もお米でできていますから、ひと手間かけて温めて出すことが、おもてなしの心でした。

燗酒の「燗」という字のつくりは「門」の中に「月」が書かれています。「日」ではないのですね。「間」の旧字ですが「燗」にはまだ使われています。これには諸説ありますが、ある粋人は「**燗がうまい季節は月がきれいだから**」と教えてくれました。素敵な解釈です。

はじめて日本酒を買う時のお店選び

おすすめは**試飲できる酒屋さん**です。例えば百貨店の日本酒売り場だと、毎週色々な酒蔵がきて、試飲販売をしています。また有料で試飲をさせてくれる酒屋さんも多くなりました。

昭和の時代では試飲販売はほとんどありませんでした。なぜなら、基本的に飲むのは地元のお酒であり、家庭でもほぼ銘柄は決まっていた時代が長く、選ぶ必要がなかったからです。デパートも贈答のためのお酒を選ぶ売り場として存在していたので、見映えが良い箱に入っていたり、テレビで宣伝をしている有名銘柄のお酒を揃えていました。

ところが、平成に入り、宅配便などの流通網の整備により、地方の地酒が大都会でも買えるようになりました。そうなると、今まではなじみのない銘柄のお酒が増えてきました。中にはそれまで飲んでいた味わいと全く違うお酒もあります。この頃から日本酒は説明して売る商品になりました。

このような状況の中、地酒ブームになり、ものすごい数の銘柄が増えました。とても店の人だけでは説明しきれなくなり、試飲をして買うスタイルができてきました。お客さんは選ぶ楽しみも増えて、女性が日本酒に魅力を感じるようになりました。

まずは試飲をしてみましょう

はじめて自分で飲む日本酒を買おうとした時に、お店の人に「選んでください」と言ってもなかなか難しいことがあります。食べ物に好き嫌いがあるように、お酒にもどうしてもなじめない味や香りがあるのです。食べ物だと、子供の頃からの経験で嗜好が培われていきますが、成人してからでないと飲むことができないお酒には、過去の経験値がありません。従ってはじめて飲むお酒を買おうとしている方も、自分の嗜好がわからないのですから、聞かれたお店の人は尚更わからないですよね。だから試飲をして選ぶのが一番良いのです。

ある百貨店で日本酒催事を企画した時のこと。私は催事に参加する酒蔵の皆さんに「販売するお酒を、高額商品でも全て試飲できるようにしてください」というお願いをしました。その催事は父の日のための催事でした。お父さんにプレゼントをするために百貨店のお酒売り場には女性がたくさんいらっしゃいます。しかも普段は、ほとんど日本酒に縁のない方々です。これは日本酒を試飲してもらうには最高の機会だと思いました。

最初は皆さん「私、飲めないので……」とおっしゃるので、「香りだけでもかいでみませんか？」と試飲カップを渡します。そこにはフルーティな香りのお酒を入れてあるので、香りで衝撃を受けるのでしょう。思わず口に運んでくれて「美味しい！」となるわけです。

案の定、生まれてはじめて日本酒を飲む若い女性たちが「美味しい！」「飲みやすい！」などと感激をしてくれた上に、お父さんへのプレゼントはそっちのけで、自分が飲むお酒を探しはじめました。

つまり、**飲んではじめて自分の好みがわかる**のです。日本酒を飲む機会がなかった方こそ、試飲をおすすめします。昔から「食わず嫌い」といいますが、「飲まず嫌い」もあるのですね。

ですから新しいお酒を探す時には、多くの試飲ができるお店を探して試飲しましょう。

ラベルは読まなくていい！

日本酒にはさまざまな種類があり、それが明記されているのがラベルです。

ですから「美味しい日本酒を見つけるには、日本酒の名前を知って、精米歩合を確認して、産地も調べて……」とラベルを読めないといけないと思っ

今日は娘と乾杯。
大吟醸
父の日限定ラベル

父の日のお酒…自分がほしいものでいいよね

ている方もいるでしょう。

ただ、はじめて日本酒を買う際にいきなりラベルを読もうと思っても、パニックになってしまいます。でも、心配はいりません。お酒は頭で飲むものではなく、舌で味わうものです。

例えば、お惣菜を買う時に、「この煮物の野菜はどこの産地ですか？」「この焼鳥に使っているお塩はどういうお塩ですか？」と、聞くことは稀ですね。大体、「美味しそう！」と思って買います。自分の勘が頼りです。その結果、失敗する時もありますが、その分、経験値がインプットされます。

お酒も同じです。試飲できない時は、まず**自分の勘にかけてください**。それで、家で飲んでみて気に入ったお酒だったら、はじめて裏ラベルをしっかりと頭に入れましょう。


裏ラベルの記載は、あなたが気に入ったお酒の情報です。お米の種類と精米歩合、日本酒度、酸度など、瓶に書かれている情報を覚えておきましょう。もちろん蔵の名前もです。そして、次に買う時は**できるだけ同じ情報が書かれて**

いる、別の酒蔵のお酒を買うのが、自分にぴったりのお酒を見つける近道です。

このようにして、自分のデータを増やしていくと、狭い範囲ですが、見えてくるものがあります。最低5種類くらい同じデータで他の蔵のお酒を飲み比べた後に、いよいよ違う種類に挑戦です。このようにして自分の勘を磨いていくと、色々なお酒が見えてきます。「頭で飲まないで、体で飲む」トレーニングです。

私が大学生の頃、有名な美術史の先生から、陶器を目利きする仕方を教えこまれました。一つの種類、例えば備

純米大吟醸　品目：日本酒

原材料名：米(国産)・米麹(国産米)　容量：720ml詰
原料米：山田錦(○○県産)　日本酒度：+2
精米歩合：35%　酸度：1.4
アルコール分：15%

●お酒は20歳になってから。
●妊娠中や授乳期の飲酒は、胎児、幼児の発育に影響を与える恐れがあります。

製造者：○○酒造株式会社
○○県○○市○○○○○○○○○○○○○○○
000-000-0000 mail:xxxx@xxxxxx.xxx
http://www.xxxx.com

0 000000 000000

前焼ならば、他の焼き物は見ないで、徹底的に備前焼を見つくす勉強法です。

このやり方をすると、確かに何か見えてくることがわかりました。

お酒も同じです。頭で勉強をするよりも確かです。でも私の本音は、もっと楽しんで飲んでいただきたいと思います。最低限の情報を得て、自分の勘がある程度できたならば、後は自由にお酒ライフを楽しむことをおすすめします。

ラベルは読むのも作るのもややこしい

ひと昔前に比べるとデザインも斬新で、表記の仕方もお洒落で「これワイン?」と思える日本酒もあります。ラベルで日本酒を選ぶいわゆる「ジャケ買い」をする方も多く、ラベルはいわばお酒の顔といえるでしょう。この**顔を表すラベルを、表ラベルまたは胴ラベル**といい、**瓶の裏にあるラベルを裏ラベル**といいます。

一見、どのようなデザインでも表記でも自由に見えますが、**表ラベルにもかなり厳しい決まりがある**のです。

お酒は酒税がかかるので、お酒を取りまとめているのは農水省ではなく国税庁です。これも意外ですね。国税庁の決まりで、ラベルには書かなくてはならないこと、書いてはいけない禁止事項、禁止事項でも字の大きさと表記する場所次第では書いても良い等、さまざまな規定があります。難しいので、かなり制約があるということだけ覚えておいてください。

昔は表ラベルだけだった

昔は表の胴ラベルに、国税庁が規定した項目が全て記されていました。で

THE JAPANESE SAKE
登録商標
特撰
大吟醸
芳醇清酒
謹譲
○○酒造株式会社
○○県○○郡○○○○○

昔の表ラベル

もあまりデザイン的にも良くないので、酒名だけを大きく書いて、他の表記は全て裏ラベルに書くおしゃれなラベルが増えてきました。

表裏だとラベル貼りを2回しなくてはなりませんね。日本酒が全盛期の頃は、ラベルを2回貼る手間も惜しんでいた名残です。

皆さんの家の表札も、以前は住所と名前（主に戸主）が書かれていましたが、最近住所が書いてある表札はほとんどなくなりましたね。

アプリで調べれば、いちいち表札を見ながら家を探さなくても、はじめての家でも行ける時代です。近い将来は酒名と酒蔵だけ書いてあれば、ＱＲコードでお酒の内容が全てわかる時代が来るでしょう。そうなるとラベルがどのように変わるのか楽しみです。

では表（胴）ラベルと裏ラベルについてもう少し詳しくお話をしましょう。

ラベルの昔ばなし

昔の日本酒のラベルは、**髭文字という書体で酒名が書かれていました**。最近はほとんど見かけなくなりましたが、今、昔タイプのお酒を復刻する企画が多いので、また少し増えてきています。髭が生えているようにはねるので髭文字といいます。P.54の昔の表ラベルに書かれています。

昭和の時代のラベルの目的は**酒名を強調すること**にありました。酒屋さんの棚に並んでいる時に「僕はここにいますよ！」と買いに来たお客様へアピールすることが一番の目的といえます。つまりほとんどのお客さんが、選んで買うのではなく、最初から何を買うと決めて来店するわけです。

お酒は酒屋さんへ買いに行くのではなく、自分の家へ御用聞きに来る酒屋さんへ頼むことで済んでいました。注文も電話で「いつものを2本」で良かったのです。お酒を飲む人はほとんど決まったお酒しか飲みませんでした。飲食店の場合も1種類しか置いてないお店が普通で、メニューにも「御酒」と書いてあるだけで銘柄も書いていません。つまり選択する必要はなかったのですね。

その大きな理由は酒税を徴収するために、国が厳重に管理する、お酒を販売する権利「酒販免許」にありました。

今はコンビニでも、ドラッグストアでも、スーパーでも色々なお店でお酒を買うことができます。しかし2003年までは酒販免許の規定が厳しく、**ある一定の地域に1軒ある酒屋さんでしかお酒類は買えません**でした。その地域のお酒類の独占的販売権を酒屋さんは持っていました。そうなると、消費者が買えるお酒の選択は、その酒屋さんが持っている銘柄だけになるわけです。買う方も選ぶよりも、酒屋さんの持って来るお酒で満足をしていたともいえるでしょう。

2003年に酒販免許が大幅に自由化されて、免許を取りやすくなりました。色々なお店で買えるようになり、その結果同じお酒でもお店によって価格が違ったり、見たこともない地方の地酒が店頭に並ぶようになりました。消費者にとっては素敵なことですが、今まで独占販売をしていた町の酒屋さんは、どんどん廃業するか、コンビニに業態を変えていくしかありませんでした。

そうなると、メーカーもうかうかしていられません。とにかく**目立つラベルにする**等、ラベルの世界でも革命が起きたのです。

表ラベルが一気に楽しくなると同時に、裏ラベルが登場しました。

さらに瓶には**肩ラベル**や**首掛け**など、特徴を際立たせるための工夫が凝らされたのです。

肩ラベルは「あらばしり」「袋吊り」「ひやおろし」など、強調したいことが

瓶の上の方に斜めに張ってあります。首掛けは肩ラベルの代わりかさらに強調したい場合に下げます。

締めはあんこでダイエット

飲んだ後のラーメン、美味しいですよね。かなり飲んで食べてもラーメンは別腹です。ではなぜラーメンが食べたくなるのでしょう？

肝臓はアルコールを分解する間は大変忙しいのです。だからいつも行っている「糖分の貯蔵」をすることができません。その結果、**糖分が不足してしまいます**。このことも二日酔いの原因の一つです。このとき体はとても糖分を欲していいます。実はラーメンは55g〜70gの高い糖質の食べ物です。だからお酒を飲むと糖質が多いラーメンが欲しくなるのです。でも高カロリーな上に、脂分が多く、そこに糖分が重なることによって、飲んでつまみを食べた後に、ラーメンで締めると間違いなく太ります。

ところが同じ糖質があるものでも和菓子だと話が少し変わります。例えば**上**

生菓子といわれる和菓子があります。季節ごとに紅葉やアヤメなどの風情のあるお菓子のことです。これは全てあんこでできています。この**あんこが良い**のです。

あんこは小豆を煮て砂糖で甘くしてあります。だから高糖質な食べ物であることに違いはありません。ところが小豆にはダイエット成分が豊富に含まれているのです。

ポリフェノール、聞いたことがありますよね。**体を若返らせてくれる働きがあり**、体の動きが活発になります。小豆にはたっぷり入っています。さらにサポニンという**コレステロール値を下げてくれる成分**や、**腸内環境を整えてくれる食物繊維**もたっぷり入っています。ただし、こしあんよりもつぶあんの方が食物繊維は豊富です。

このようにラーメンよりもつぶあんが効果的です。もし飲んでいる居酒屋さんに**ぜんざい**があれば最高です。できればお餅は半分にして小豆を中心に食べましょう。面白いことに帰りにラーメンを食べたい欲求が収まります。

ちょっとしたコツを学んで、スタイルを維持しながら美味しいお酒を楽しみましょう。

お酒を家で保存するには

だいたい家庭で買うお酒は４合瓶か１升瓶に入っていることが多いと思います。スパークリングだと３００㎖くらいの小瓶に入っていますが、季節のお酒や、特別なお酒が小さな瓶に入っていることはほとんどありません。

これは瓶詰めの作業が小さくても大きくても瓶に入れる作業は同じだからです。従って季節ごとの特殊なお酒などは小さい瓶だと採算が合わず、同じ手間をかけるなら、少しでも大きい瓶に入れる方が効率も良いのです。酒蔵も問屋も酒販店もわずかな利益しかのせていないから日本酒の値段はとてもリーズナブルです。ですから少しでも大きい瓶に入っているお酒を売りたいのです。理解してあげてください。

でもひとり飲みだと、どうしても飲みきれませんね。その時にはワインで使うのと同じような瓶内の空気を抜くポンプと栓が売られているので、それで**瓶内の空気を抜くのが一番劣化を防げます**。また1升瓶のお酒が余ってしまった時も、4合瓶などの小さな瓶へ入れて保存した方が劣化を防げます。

空気を抜くのは、空気に触れて酸化することを防ぐためです。また小さな瓶へ移すことにより、空気面に触れる面積が小さくなるからです。

この他に温度変化での劣化を防ぐことも大事です。特に**生酒はできるだけ冷蔵保存**をした方が、そのお酒の本来の味が楽しめます。

居酒屋によっては生酒も常温保存をしている店もあります。これは味を変化させることにより、お客様にそのお酒の別の顔を知ってもらおうという、亭主の気持ちからですが、プロだからできる裏技です。

生酒は酵母菌が瓶の中で生きています。酵母菌はアルコール発酵をする菌なので、活発に活動することにより、アルコール発酵が進んでしまい、酒蔵が意図した味と変わってしまいます。酵母菌は温度が高いと活動が活発になります。だから冷蔵庫へ入れて酵母菌の活動を鈍くさせるのです。

「生酒は腐るから冷蔵保存する」と思っている方がかなりいらっしゃいますが、

腐ることはありません。生酒に限らず**お酒が腐ることは、現在市販されているお酒では皆無だと思ってください。**

劣化で注意しなくてはいけないことが、もう一つあります。光劣化です。**特に茶色以外の瓶は、紫外線の影響を受けやすいので注意が必要**です。

ではどうしたら良いのか。一番良いのは**紙をまくこと**です。箱に入っていないお酒は、新聞紙でも包装紙でも良いので包んで冷蔵庫に入れるか、棚に並べてください。蛍光灯でも光劣化はするので、注意しましょう。

酒屋さんで日本酒が紙で包まれている場合、そこは日本酒の扱いが良いお

生酒は冷ぞう庫へ
新聞紙で紫外線カット
たいよう
けいこうとう

店なので、同じ銘柄でも味わいが違うということもあります。

うっかり放置したお酒も、まずは飲んでみよう

「お酒が古くなるとお酢になる」と思っている方もかなりいらっしゃいますが、酢酸が侵入しない限りお酢になることはありません。

また「ラベルに書いてある日付から6か月が賞味期限ですか？」という質問が多いですが、この日付は製造した年月日ではなく、**瓶詰した年月日**です。例えば10年古酒のお酒をタンクから瓶詰めすると、瓶詰した日が記載されます。日本酒には賞味期限を記載する必要はないのです。

もし、うっかり冷蔵庫へ入れるのを忘れたり、押し入れに入れておいて、何年も飲み忘れていたお酒でも、絶対に捨てないでください。まず、飲んでみましょう。

もしかすると、茶色や黄色に変化して、味も濃厚になっているかも知れませ

ん。あるいは気に入らない味になっているかも知れません。濃厚になっていたならば、それはうまく熟成をしたのですから、貴重です。ぜひ濃い味のお料理と合わせて楽しんでください。

もし、気に入らない味になっていたなら、料理酒としてお使いください。日本酒の成分は変わらないので、お料理に使うことで、美味しい味に変わります。

さらに最高の使い道があります。お風呂に入れて**入浴剤として使ってください**。家庭用のお風呂で、コップ1杯のお酒を入れた40度くらいのお湯に、20分程度入ると、ものすごい**デトックス効果があります**。お酒を造る蔵人の手はつるつるです。これは麹菌によるものです。麹菌がたっぷりの日本酒風呂は美肌効果抜群です。日本酒由来の化粧品が多く出ているのは、このような理由によるものです。

このように日本酒は保存に失敗しても、全く気にすることはありません。

お酒と歴史のコラム1

茶道にはお酒がつきもの

昭和の頃まで、花嫁修業の一つとして人気のあったのが**茶道**です。今でも日々の生活の中で**お茶**をたしなみ、潤いのある時間を楽しむ方が多くいます。茶道は、室町時代から盛んになり戦国時代には千利休や古田織部などの歴史上有名な茶人を生みました。

さて、茶道の中でも最も正式なお茶会を**茶事**《ちゃじ》といいます。すべてが終了するのに、4時間あまりかかるというお茶のフルコースです。ここで**欠かせないのが日本酒**なのです。

お茶というと、抹茶を甘いお菓子でいただく、というイメージですから、なぜ日本酒？と思われることでしょう。茶事というものを経験したことのない方が大半なので、無理からぬことではあります。茶事というのは一般のお茶会と呼ばれるものとは異なり、個人的に御茶席にお招きを受け、半日あまりをかけて主の心づくしのお茶をいただくというものです。それでは、日本酒が欠かせない、**「茶事」**というものをご紹介します。

茶事では最初に、お茶をたてるお湯を沸かすための炭をおこすことから始まります。その後、懐石料理をいただきます。この時、**日本酒が出される**のです。お招きしたご亭主はお客様にお酒をおすすめし、またお客様もご亭主に一献さしあげます。この和気あいあいとした雰囲気づくりに、お酒は欠かすことのできないものなのです。ただし、**味や香りが極めて穏やかなお酒が良い**とされます。

なぜなら、その後に正式な、「濃茶《こいちゃ》」というどろりと抹茶を練ったお茶をいただくからです。本来主役である濃茶の邪魔にならないよう、強い味わいや香りのあるお酒は選ばれません。ここでは、日本酒本来の、料理を引き立たせる食中酒としての役割が大切にされます。ほどほどにお腹を満たし、ゆったりとした気分にさせてくれるお酒の効果で、この最高のお茶をいただく準備が整います。その後、「お薄《うす》」といわれるさらさらとしたお茶会で私どもが飲むようなお抹茶が出され、一連の茶事が終了します。

茶道は、「もてなしの心を学ぶもの」といわれます。そして、茶道を学ぶ最終目標がこの「茶事」をひらくことです。そこでは、お招きしたお客様に心地よくお茶を飲んでいただくためのお酒選びも一つの「もてなし」です。そんな心持ちで、自分がおすすめしたいお酒を選んでみてはいかがでしょう。

お茶事
①炭をおこします
②懐席料理をいただきます
日本酒もいっしょに。
③「濃茶」をいただきます
濃茶は「練る」といいます
大きめの茶碗
④「お薄」をいただいて終了です
さいごは私たちがよく知ってるさらさらのお抹茶です
濃茶と種類の違う茶碗

第3章

日本酒の基本の「いいね！」

お酒は色々あって「いいね！」

日本酒、ビール、ワイン、焼酎、ウイスキー、ブランデー……お酒といってもさまざまな種類があり、味わい、アルコール度数、糖質も違います。それぞれのお酒は**原料**と**蒸留させるかどうか**によって決まります。

まずは原料の違いについて。日本酒はお米、ワインはブドウ、ビールは麦からできています。それらの原料を発酵させてお酒にしているのです。

このように**元の材料を直接アルコール発酵させたお酒**を醸造酒といいます。

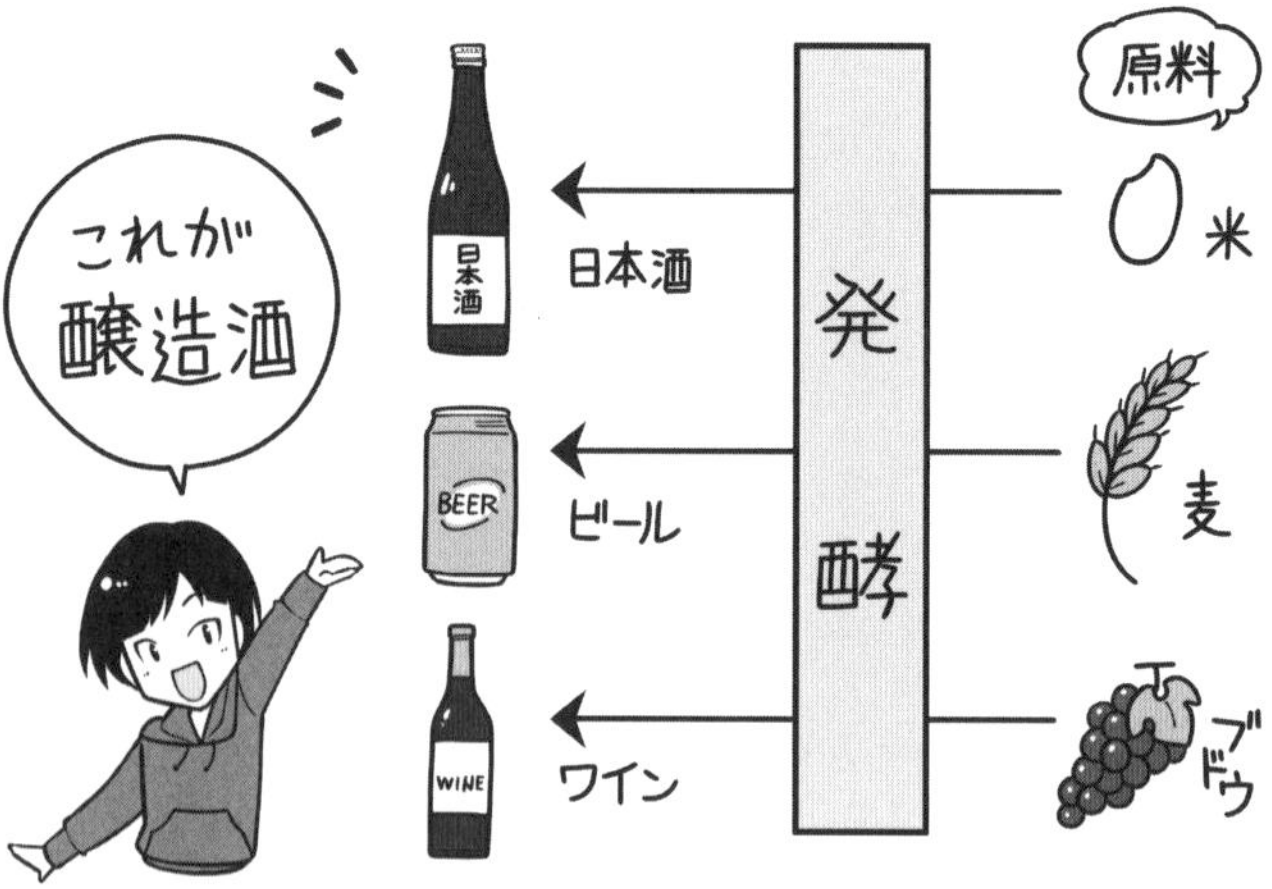

アルコール度数はビールで5%、日本酒やワインで12~20%です。

この醸造酒をやかんに入れて火にかけます。水が蒸発するように、お酒も温めると湯気が出て、その**湯気を集めたお酒**を蒸留酒というのです。

日本酒を蒸留すると米焼酎になり、ワインを蒸留するとブランデーになります。

水分が凝縮するので、蒸留酒のアルコール度数は35度以上と、かなり高くなります。

他にもリキュールや合成酒など、挙げていったらキリがないですね。

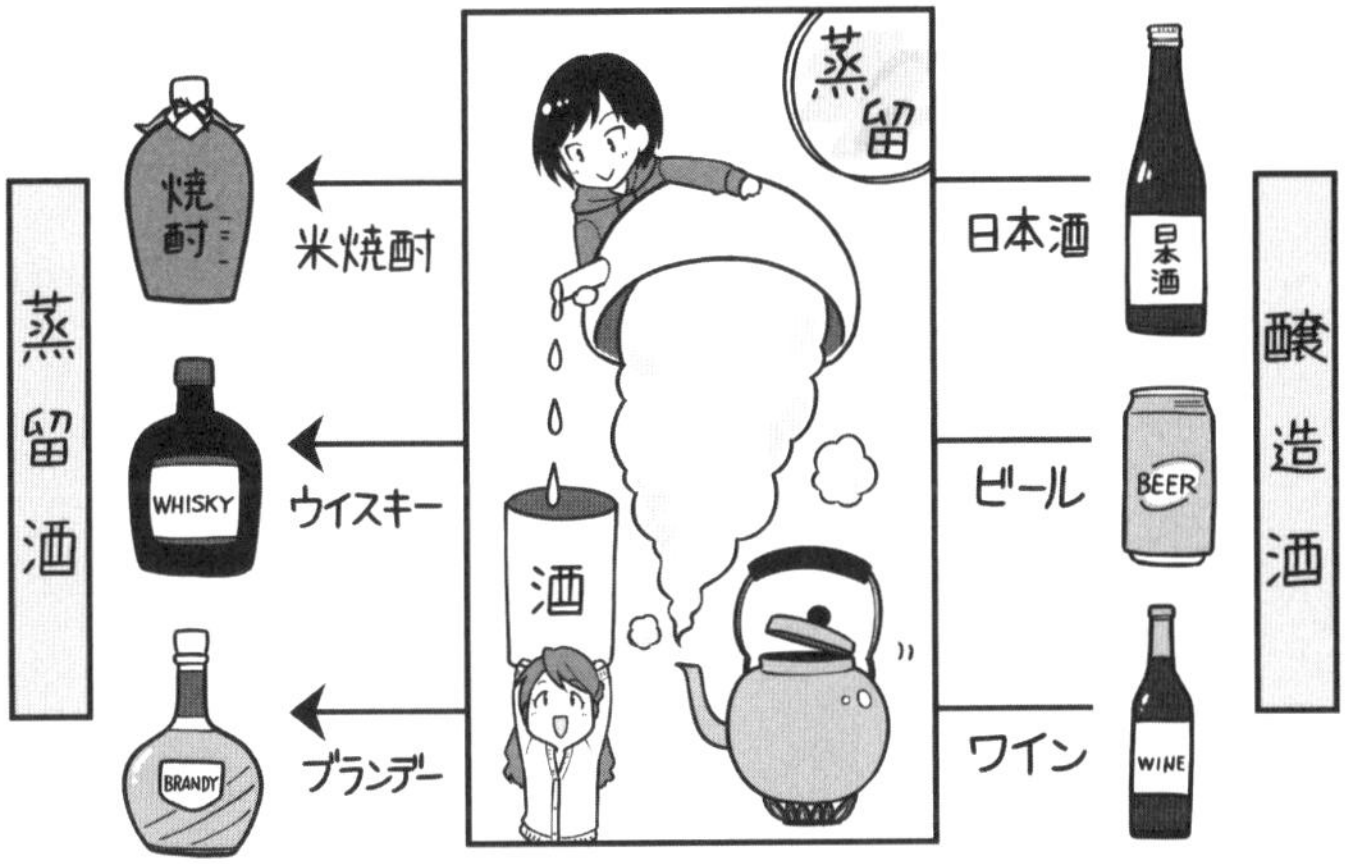

そして、日本酒の中にもさまざまな種類があるのです。日本酒の種類について学んでみましょう。

日本酒の種類も色々あって「いいね！」

大吟醸、吟醸、純米……これらの日本酒を**特定名称酒**といいます。ここで「難しい」と思う人が多いですが、身の周りの人に例えるとわかりやすくなります。

大吟醸酒：味も香りもお値段もハイクラス。甘いマスクのトップアイドル。
吟醸酒：親しみやすくて、気軽に遊べる。みんなが大好きサークルの人気者。
純米酒：優しい素材を感じつつ、色んな顔を持っている。ミステリアスな店員。
本醸造酒：若さあふれる爽快感。キリッとしていて、さっぱり遊べる幼馴染。

それぞれの違いは**精米歩合**と**価格**、**醸造アルコールが入るか、入らないか**です。精米歩合とは、精米をした後に残った白米の割合のことで、精米歩合92％というと8％削っているということです。

私たちが食べている白米はだいたいこの数字です。つまり、**精米歩合が低け**

れば低いほど削っている部分が増え、高価になるということです。

大吟醸酒の定義は精米歩合が50％以下です。半分以上も削ってしまうから、値段が高いのですね。

吟醸酒の精米歩合は60％以下です。**純米酒**は精米歩合の決まりがありません。80％でも60％でも純米酒と名乗れます。

ややこしいですが、もし精米歩合50%でも、大吟醸を名乗りたくなければ純米酒といっても良いのです。

ただ、醸造アルコールが加わった**本醸造酒**になると、精米歩合70%以下という決まりがあります。

醸造アルコールを飲むとキャラが変わる!

醸造アルコールとは味も香りもない純度の高い焼酎のことです。それをお酒に添加します。添加していないお酒を**純米酒**といいます。お米という素材そのものを楽しめますね。

同じアイドル級のお酒でも、醸造アルコールが入っていなければ純米大吟醸酒で、醸造アルコールが入れば大吟醸酒と名前が変わります。

「純米」と付いていれば、醸造アルコールの入っていないお酒と覚えておきましょう。

では、なぜ純度の高い無味無臭の醸造アルコールを入れるのでしょうか?

純米大吟醸に醸造アルコールを添加すると、**ものすごく華やかな香りが出ます**。

純米吟醸も同じように**フルーツのような香りが出てきます**。このように引き出された香りを**吟醸香**といい、これを「飲みやすい」と評価する人もいます。

普段は華やかなトップアイドルでも、醸造アルコールが入れば握手をしたり、ウインクしたり、親しみやすくなって、楽しませてくれる……そんなイメージです。

吟醸酒は大吟醸よりも、親しみやすく男女問わず仲良くなれるサークルの人気者のようなお酒です。

醸造アルコールが加わると、お酒は軽やかな味わいになります。「今夜は思いっきり遊ぶぞ！」そんな楽しい気分にさせてくれます。

醸造アルコールが入っているかいないか、どちらを選ぶかは自由です。それぞれの味わい、香りがあるので、その日の気分で決めましょう。

純米酒は「純米」と名乗っているから醸造アルコールは添加されていないということです。精米歩合の規定がない分、さまざまな風合を持っているといえます。行きつけのお店の優しい店員さんは、お客様には見せない色んな顔を持っているかもしれません。素材を感じながら飲んでみましょう。

次に**本醸造酒**の話をしましょう。気軽に遊べるし辛口なツッコミも入れてくれる幼馴染タイプです。大吟醸も吟醸も本醸造酒も醸造アルコールが入ったお酒です。それぞれ、精米歩合によって名前が変わります。醸造アルコールのイメージは若々しさや爽快感です。

ただ、大吟醸酒も吟醸酒も本醸造酒も、醸造アルコールをたくさん入れれば、若々しく軽やかになるだろうと、大量に添加してはいけません。これには決まりがあって、お酒を造るのに使用した白米の量の10％以下の量しか添加できないのです。

でも大吟醸酒と吟醸酒はほんの少し添加するだけで、若々しい香りが出てき

ます。本醸造酒の場合は味をスッキリさせ、辛口にするために添加するので、多く入れますが、やはり白米の総重量の10％以下という決まりは同じです。

醸造用アルコールをもっと添加したお酒を**普通酒**といいます。辛口になりすぎないようにお砂糖や色々な栄養剤（アミノ酸やグルタミン酸など）を添加すると**糖類・酸類添加酒（三倍増醸酒）**になります。

これで精米歩合の違いと、醸造アルコールの添加があるかないかで、お酒の性質が違うことをおわかりいただけたと思います。今日は誰とデートしようかな？　そんな気持ちで選んでみると、面白いかもしれません。

にごり酒とどぶろくの違い

それぞれのお酒の名前、特徴がわかったところで、今度は造り方で名前が変わるお酒を紹介します。造り方で名前は変わっても、キャラクターはそのままなので、同じ名前でも純米大吟醸から普通酒まであるというイメージです。

最近はスーパーやコンビニでも白濁しているにごったお酒が売られるようになりました。種類を多く扱っているお店だと、勢いよく発泡しているにごり酒もあります。味も、にごりの程度が多いものは**かなり濃厚な味わい**のものが多く、うっすらにごっているのは「うすにごり」といい、**爽やかな口当たり**です。

なぜにごっているのでしょう。もともとお酒を造っているタンクの中では、白濁してプクプク発酵している状態です。この状態を「**もろみ**」といいます。こ

お酒が
できました。
酒
ろか
"にごり"
粗目フィルター
"うすにごり"
細かいフィルター
どぶろく
ドボドボドボ
ろかはしません

のもろみを搾って、液体と酒粕に分けます。この液体をお酒（清酒）といいます。でもまだ液体はにごっています。

次に、にごったお酒をフィルターで濾《こ》します。そうすると見慣れた透明感のあるお酒になるわけです。にごり酒は粗い目のフィルターで濾すので、にごりが残るのです。

ではどぶろくとの違いは何でしょう。どぶろくは一切搾《しぼ》りもしませんし、濾しもしません。だからドロドロして、時には米粒も残っています。

どのお酒にも酒税という税金がかかります。この酒税が**にごり酒は「清酒」**の分類ですが、**どぶろくは「その他の醸造酒」**という分類に入るので、安くなります。つまり酒税上は日本酒扱いではないのですね。

味はどうでしょうか？　にごり酒には純米大吟醸のにごり酒もあれば、普通酒のにごり酒もあります。なので重厚なにごり酒が飲みたい時は、純米にごり酒が良いですし、若々しいはつらつとしたにごり酒が飲みたい時は、本醸造がおすすめです。

どぶろくはちょっと怖いお父さんのような感じでしょうか。普通のお酒のように気楽に栓を開けると、突然噴き出してきて、お父さんを怒らした時のように、手が付けられなくなります。「今日のお父さんは機嫌が悪そうだな」と思ったら、うまくなだめて機嫌を損ねないように注意をしますね。そんな感じでゆっくり、そっと、だましだまし栓を開けましょう。そうやって開ければ噴き

出しません。
味もお父さんのような渋みや、人生を生きてきたようなコクがあります。でもブツブツ文句を言っているように少し発泡しているので、そちらに気が取られると渋みは気が付かないかもしれません。お父さんにも色々なお父さんがいるように、どぶろくも造る人によって全て味が違います。そこがどぶろくの楽しいところです。

お隣の国、韓国にもどぶろくと同じような米で造ったにごり酒があります。マッコリといえばわかりますね。マッ（粗く）＋コルダ（濾す）がマッコリまたはマッコルリという言葉になったところからもわかるように、軽く搾ったお酒をいいます。日本のどぶろくは搾らないので、その点だけが違いますが、よく似たお酒です。ただ、どぶろくの中にはアルコール度数が12〜16度くらいのものもありますが、マッコリは4〜8度くらいなのでビール感覚で飲めます。

スパークリング日本酒って「いいね！」

簡単にお酒ができる仕組みを話しましょう。

ご飯（タンパク質）を糖化
←
酵母菌を混ぜ、アルコールと二酸化炭素に分解

これだけです。もう少しわかりやすくいうと、皆さんがご飯を噛むと口の中が甘くなりますね。これは唾液の中にあるアミラーゼという消化酵素がご飯（タンパク質）を甘いブドウ糖に分解するからです。飲み込まないでずっと噛んでいるとさらに甘い液体になります。これと全く同じことが、日本酒を造る発酵タンクの中で行われているのです。

タンクの中ではアミラーゼの代わりに麹菌という菌がお米を甘い液体に溶かしています。でもこれでは、いつまでたっても甘いドロドロした液体のままで、アルコール発酵はしません。この甘い液体に酵母菌という菌を入れて、甘い液体を酵母菌が食べることで、アルコールと二酸化炭素に分解します。

これで、はじめてアルコールへと変わり、お酒になっていきます。素晴らしいメカニズムです。

P.79で説明したように、タンクの中の発酵している液体を「もろみ」と呼びます。もろみは二酸化炭素もたくさん入っているので、瓶詰めする前に抜くのです。二酸化炭素を抜かないで発売しているのが、**スパークリングの日本酒**です。でも、タンクの中のもろみを搾っただけで瓶詰めするので、まだ麹菌も酵母菌も生きています。これらの菌が死んでしまうと味が悪くなるので、低温で管理しないといけません。だから「冷蔵してください」と書かれています。

でも冷蔵しないで売っているスパークリング日本酒も見かけます。どうしてでしょうか？　このようなスパークリングは絞ってから、濾過をして、さらに熱湯で殺菌をして、麹菌も酵母菌も殺してしまいます。こうすれば常温で置いても、お酒が変質することはありません。でもこれだと発泡はしていません。だから人工的に炭酸ガスを加えます。

このようなスパークリング日本酒は管理も簡単ですし、飲む前に冷やせば常温で保存ができます。値段も比較的安いものが多いようです。味もさっぱりしているのと、最近はアルコール度数を低くしているものもあるので、**日本酒が苦手な方も飲みやすい**ですし、**みんなで乾杯をするのに向いている**お酒といえます。

【日本酒用語辞典】

お酒を造る過程で使われる用語

酒米（原料米）

酒を造る時に使う米。その中でも酒造り専用の米を酒造好適米という。

精米歩合

精米をした後に残った白米の割合。食べる米はだいたい92%精米。吟醸酒は60%以下、大吟醸酒は50%以下。

江戸時代までは人力と水車で精米していた。水車の場合は85%くらいの精米歩合。

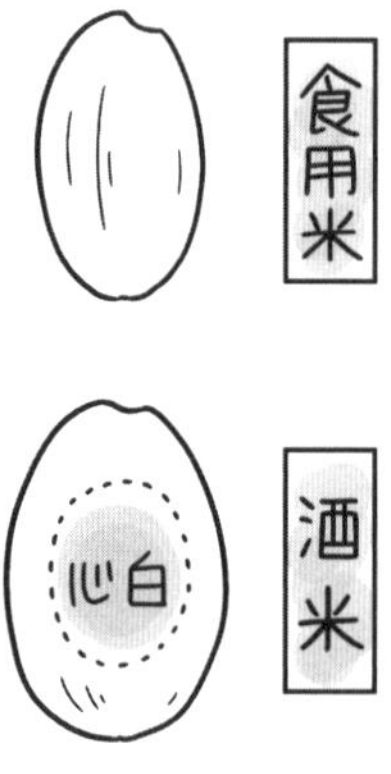

麹

酒を造る時に必要な菌。米を甘い液体にする役割を担う。口でご飯を噛むと甘くなることと同じ原理。

この甘い液体を集めたものが、人気のノンアルコール飲料である「全麹甘酒」。

酵母

麹が米を甘い液体に溶かしたものをアルコールと二酸化炭素に変えていく菌。日本醸造協会が培養、頒布している酵母を協会酵母という。

米に種麹を与えて
日本酒をつくります。
酒米に水と麹を加え
発酵させていきます。
酒の香りは酵母による場合が多いんですよ

酒母

酒を造る上で必要な酵母を増殖させる、酒造りの重要な工程。

もろみ

発酵し終えたタンクの中の液体。もろみを搾ってはじめて酒（清酒）と呼ぶ。

火入れ

生酒を加熱殺菌処理して、酵母菌などの菌を殺し、酒質を安定させる。普通は2回殺菌をする。

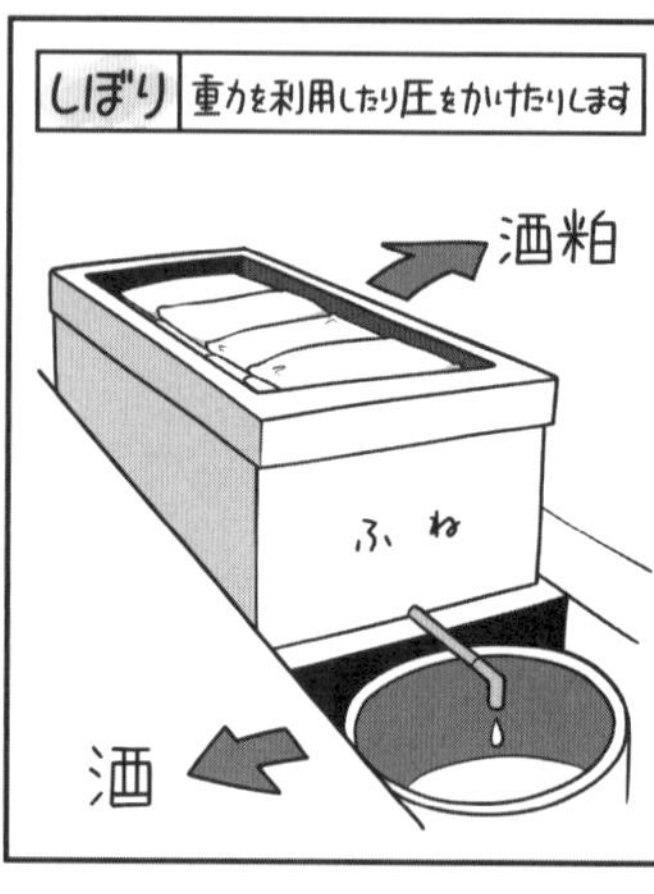
しぼり
重力を利用したり圧をかけたりします
酒粕
ふね
酒

生酛
人力で米をすりつぶします

生酛《きもと》（造り）

江戸時代から明治後半まで盛んだった造り方。天然の酵母を増殖させるやり方で大変に手間がかかる。味は酸が強くコクがあるので燗酒に向いている。

山廃酛《やまはいもと》

明治37年に醸造試験場ができて、生酛仕込みを科学的に解明してできた仕込み方法。生酛仕込みで一番大変な、山卸という作業をしなくても同じ味になることから、山卸廃止酛を略して山廃酛というようになった。

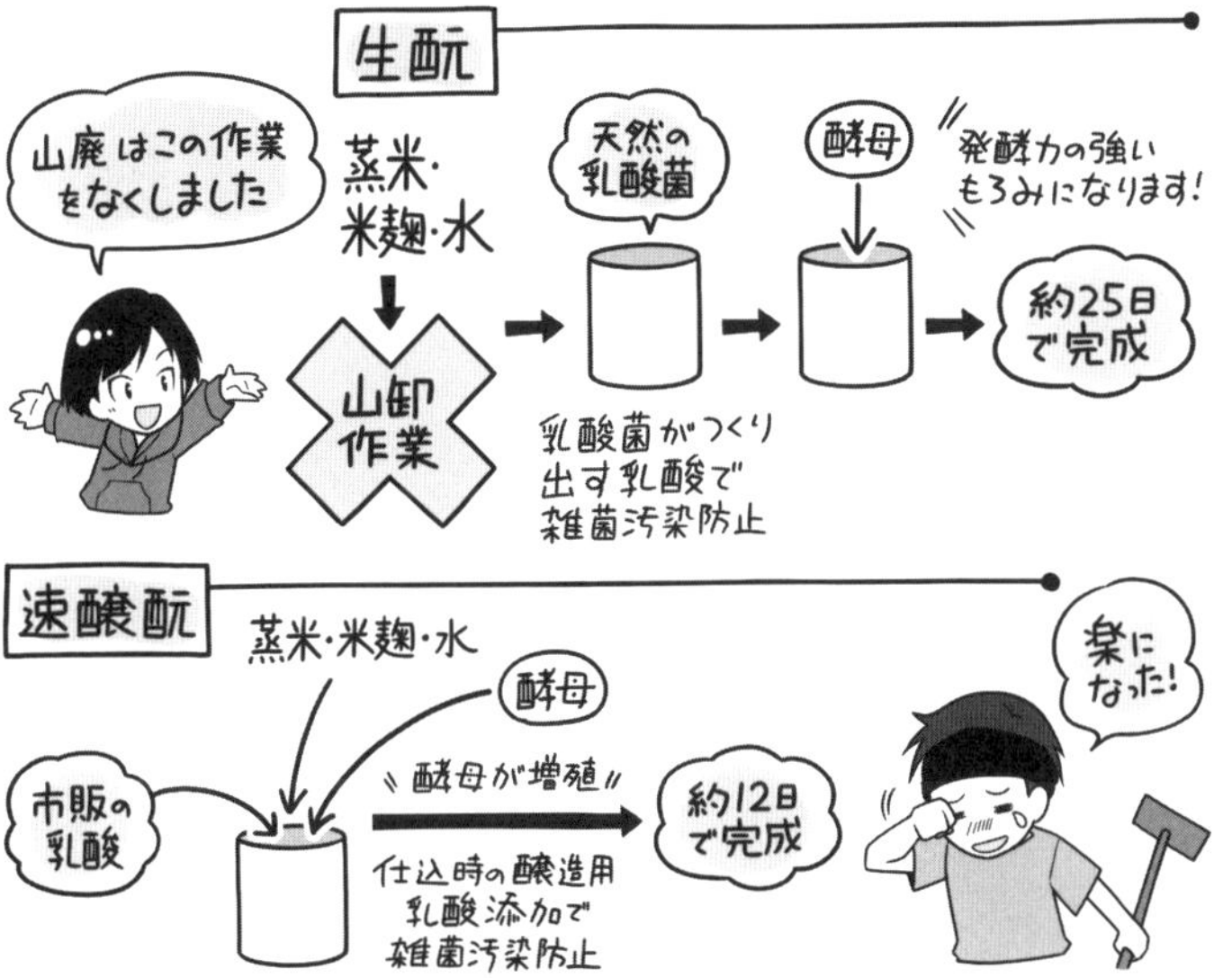

速醸酛《そくじょうもと》

山廃酛が開発された翌年、既成の醸造用乳酸を入れてさらに早く造ることができるよう開発された方法。現在、ほとんどの酒は速醸酛で造られている。

酸度

酒の味を測る尺度として使われている数値。現在の平均値は1.2前後。数字が低いほどさっぱりした酒といえる。

日本酒度

酒の中の糖分を表す数値。マイナスになると糖分が多いので甘く感じられる。

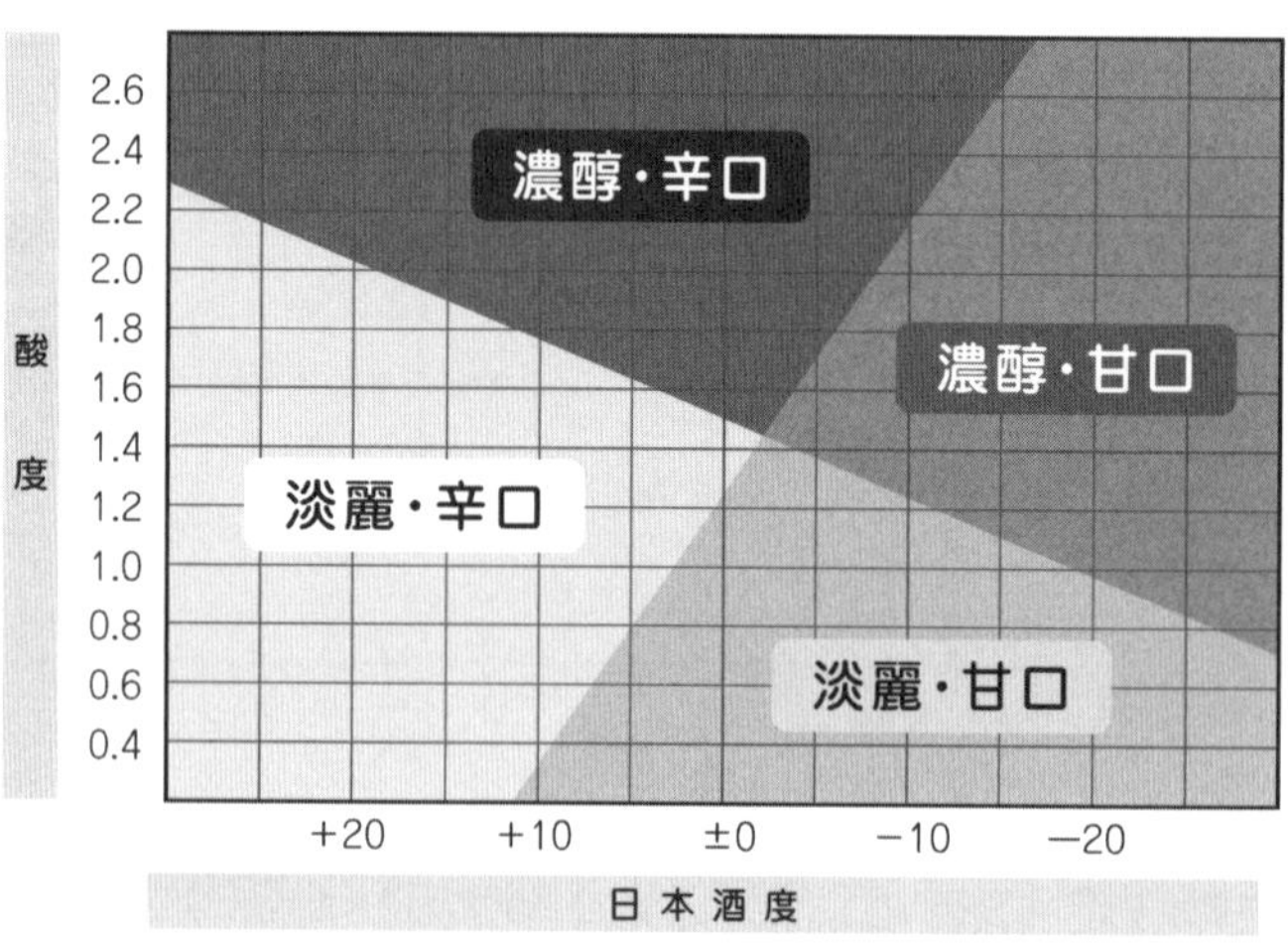

プラスになると糖分が少ないのでさらっとした酒といえる。酸度と組み合わせて見ると、酒の味わいがある程度はわかる。

現在の平均はプラスマイナス0。

お酒の特徴を表す用語

雫酒（吊るし酒）
もろみを搾って清酒にするのではなく、もろみを袋に入れて棒に吊るし、圧力を全く掛けないで、自然に落ちてくる雫を集めた清酒のこと。
どの蔵も最高のお酒を造る時に使う手法。クリアで雑味のない味わいになるので、人気があるけれど少量しかで

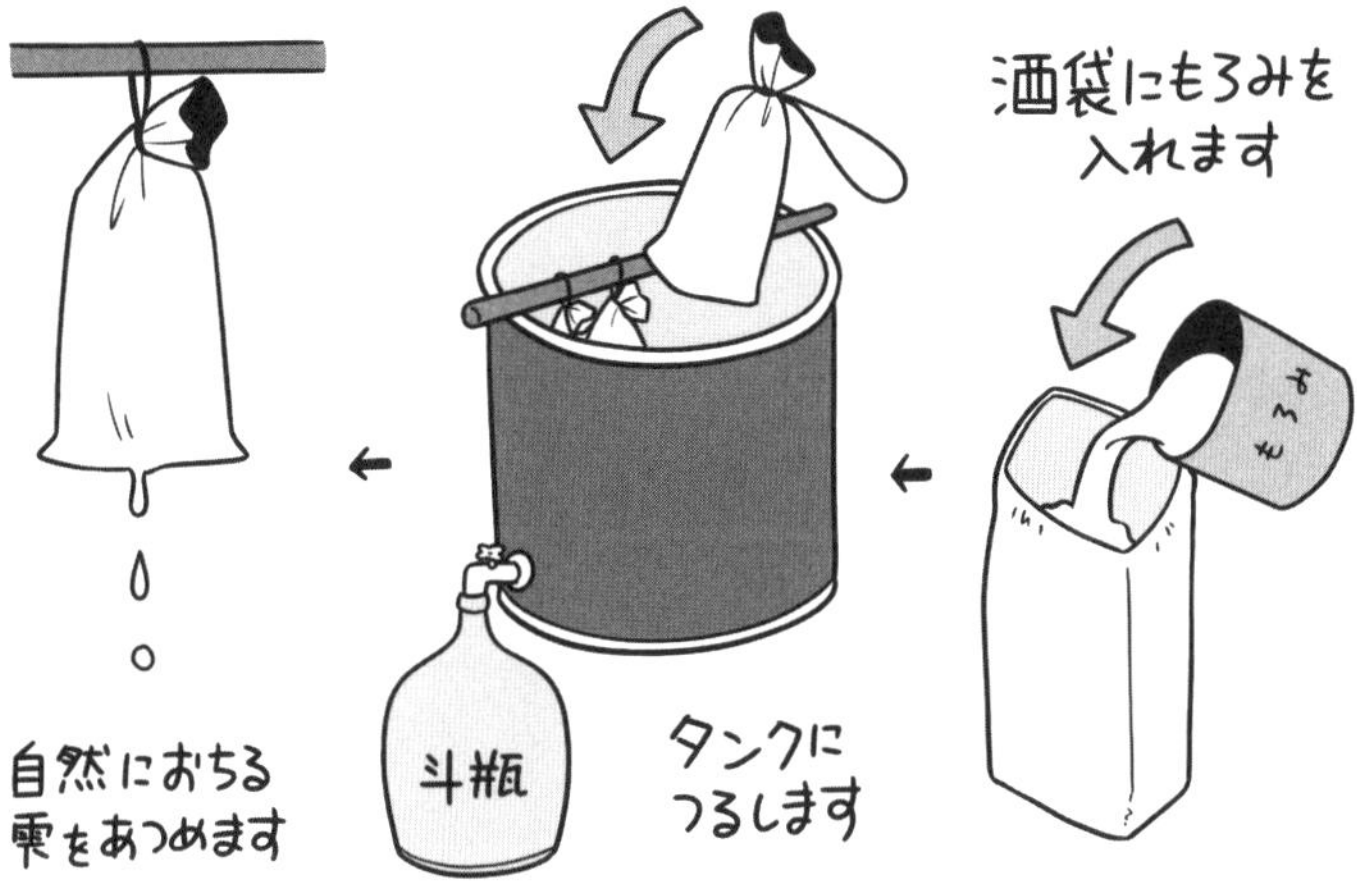

酒袋にもろみを入れます
もろみ
タンクにつるします
斗瓶
自然におちる雫をあつめます

きないので高価。

斗《と》瓶《びん》取《ど》り（斗瓶囲い）

一斗瓶に貯蔵したお酒。

日本酒の単位は一合（１８０㎖）の十倍を一升（１８００㎖）という。その十倍を一斗という。さらにその十倍を一石という。

一升瓶があるように一斗瓶もある。タンクに貯蔵するよりも空気に触れる面が少ない分、お酒は酸化しない。ただ貯蔵場所を取るので、雫酒のような、その蔵の最高のお酒を貯蔵する時に行う。

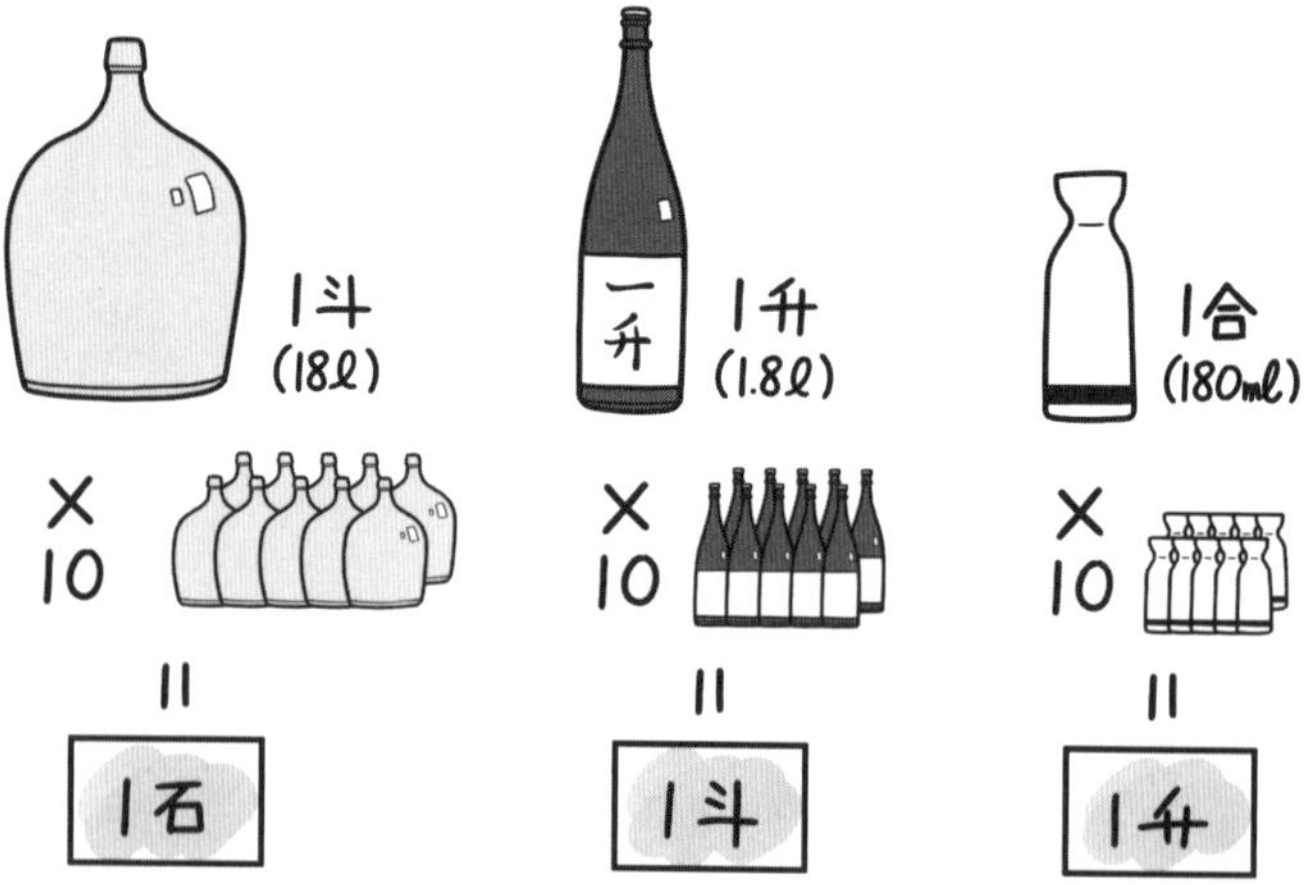

1斗 (18ℓ)
×10
=
1石
一升
1升 (1.8ℓ)
×10
=
1斗
1合 (180mℓ)
×10
=
1升

あらばしり

発酵を終えたもろみを搾った時に、最初に出てくる酒。みずみずしい香りと荒々しい味わい。

中取り

「あらばしり」の次に出て来るお酒を「中取り」と呼ぶ。さらに最後に出て来るお酒を「責め」と呼ぶ。

中取りは一番酒質が安定しているので、味わいも比較的落ち着いている。

生酒

火入れを行わない酒。まだ酵母菌が生きているので、冷蔵保存して管理をする必要がある。

ひやおろし

本来は2回行う火入れを1回だけにして、夏を越して熟成させ秋に最高の味わいにして飲む酒。酒蔵の中の気温と外気の気温が同じになった時が一番の飲み頃。

原酒

搾り終えた後に加水し（水を加え）ないで、アルコール度数を落とさず出荷する酒。

原酒はアルコール度数が17～20度ある。それを通常は加水して15～16度に落として販売している。

古酒

きちんとした定義はないが、長期熟成酒研究会は酒蔵で満3年以上熟成させた酒を熟成古酒と定義している。

スパークリング日本酒

瓶の中に酵母を生きたまま詰めるので、瓶の中でもアルコール発酵をしているお酒。従って二酸化炭素が強いので、開栓をする時に勢いよく噴き出る場合がある。

ほとんどのスパークリング日本酒は薄くにごっているが、近年シャンパンと同じように澱《おり》を抜いた透明感のあるスパークリングも登場している。どちらのタイプも酵母菌のために冷蔵保存をする必要がある。香りも味わいも大変フレッシュ感がある。

また火入れをして酵母を死滅させてから、炭酸ガスを充てんさせたスパークリング日本酒もある。こちらは酵母が死滅しているので、常温保存ができる。そのかわりフレッシュさよりも、落ち着いた味わいになる。

特定名称酒

純米大吟醸酒

米を50％以下まで精米した酒。米をここまで磨くと、香りも華やかになり、何の雑味もない味わいになる。

大吟醸酒

純米大吟醸酒にほんの少量の醸造アルコールを加え、さらに華やかな香りを出した酒。

純米吟醸酒

米を60％以下まで精米して、酵母がゆっくりアルコール発酵をするように低温で造る酒。

吟醸酒

造り方は純米吟醸酒と同じだが、華やかな香りを出すために醸造アルコールをほんの少し加えた酒。

純米酒

米と麹だけで造った酒。米本来の旨味を感じることができる。

本醸造酒

精米歩合70％以下の米と麹で酒を造る過程の中で、少量の醸造アルコールを加えて造った酒。すっきりとした味わいがある。

第4章

日本酒の「いいね！」な飲み方

季節に合わせて飲む日本酒

二十四節気《にじゅうしせっき》という、太陽の位置によって季節を表す呼び方があります。中国の戦国時代（紀元前４００年頃）につくられた暦《こよみ》で、日本でも長く愛されていました。よくニュースなどで「暦の上では……」というように季節を表現しますが、その暦が二十四節気です。ただ明治になってから新暦（グレゴリオ暦）が採用されたために、二十四節気は月遅れになってしまいました。

しかし旬を先取りする楽しみを知っている私たちにとっては、季節を感じさせる暦といえます。この二十四節気に季節の酒を当てはめると、実に適切に旬のお酒が楽しめるのです。

立春《りっしゅん》（2月4日頃）冬と別れて春に入る直前です。しぼりたての新酒が出てきます。

雨水《うすい》（2月19日頃）雪が雨に変わる頃です。ひな祭りに合わせたお酒を用意しましょう。

啓蟄《けいちつ》（3月6日頃）冬眠していた虫が出てくる季節です。花見のお酒を準備しておきましょう。

春分《しゅんぶん》（3月21日頃）桜もちらほら咲き始めます。華やかな花見酒で一献しましょう。

清明《せいめい》（4月5日頃）全てが明るく輝きだす頃です。香りが華やかな吟醸生酒で気分も華やぎます。

穀雨《こくう》（4月21日頃）雨が穀物の芽吹きを促す頃です。野外でさっぱりした本醸造酒の生酒を楽しみましょう。

立夏《りっか》（5月6日頃）いよいよ夏が始まる季節です。気分も高まりスパークリングの日本酒で乾杯！

小満《しょうまん》（5月21日頃）草木が輝き、生き生きしてきます。厳冬にできた生酒も輝きを増しています。

芒種《ぼうしゅ》（6月6日頃）父の日に向けてとっておきの純米大吟醸を準備しましょう。

夏至《げし》（6月21日頃）一年で最も昼が長い日です。酒蔵では「初呑み切り」といい、今年仕込んだお酒を利き酒する時です。純米酒の新酒で今年の味を感じましょう。

小暑《しょうしょ》（7月7日頃）暑さが本格的になる季節です。七夕にちなみ「星」が付く名前のお酒を探してみてはどうでしょう。

大書《たいしょ》（7月23日頃）暑さが絶頂に達する頃です。夏バテ防止には麹で造った甘酒が有効です。江戸時代から続く夏バテ防止のドリンクです。

立秋《りっしゅう》（8月8日頃）外はまだ猛暑ですが、どこかに秋がきているかもしれません。夏こそ燗酒です。冷房で冷えた体を体内から温めると元気になります。

処暑《しょしょ》（8月23日頃）朝夕にほのかに秋を感じる時もある時期です。キリッと冷やしたお酒で名残の夏を楽しみましょう。

白露《はくろ》（9月8日頃）暦の上では白く露が結び始める頃ですが、まだ残暑も厳しいです。梅酒や柚子酒で季節の変わり目を過ごしましょう。

秋分《しゅうぶん》（9月23日頃）昼と夜の長さが同じ日です。酒屋さんには「ひやおろし」という秋のお酒が並んでいます。早めに買って10月1日の「日本酒の日」に初飲みをしましょう！

寒露《かんろ》（10月8日頃）露が寒気に凍るくらいの日がある季節です。「ひやおろし」は酒蔵の中の温度と外気が同じ温度になった時が飲み頃です。この時期にぴったりのお酒です。常温か、ぬる燗にして楽しみましょう。

霜降《しもふり》（10月23日頃）霜が降りて来る季節です。月が美しい時期ですね。お酒を盃に注ぎ、月を映して飲みましょう。盃には月が逆さまに映ります。「さかさ月」が「さかずき」の語源だという風流な説もあります。

立冬《りっとう》（11月7日頃）冬の始まりです。新米を使った新酒も出てきます。でも昨年の冬に仕込んだお酒が見事に美味しくなる時期です。

小雪《しょうせつ》（11月23日頃）生酛《きもと》造りという江戸時代の製法で造ったお酒があります。生酛のお酒はこの時期から味がどんどん上がってきます。ぜひ燗酒で飲んでみてください。

大雪《たいせつ》（12月7日頃）師走に入ります。お歳暮に、お正月のお酒に、ぜひ日本酒の販売店に足をはこんでください。ワインボトル！と見まがうような新時代の日本酒も並んでいます。

冬至《とうじ》（12月22日頃）昼間の長さが最も短い日です。最近、クリスマスやお正月に日本酒のスパークリングで祝う方が増えています。華やかさを演出してくれる日本酒です。

小寒《しょうかん》（1月6日頃）寒さが本格的になる頃です。新酒も続々と出てきます。搾りたての濁り酒も試してみましょう。

大寒《だいかん》（1月21日頃）寒さがさらに増してくる時期です。「あらばしり」ということの時期だけの旬なお酒を楽しみませんか！

季節の酒器でお酒を楽しむ

お正月

本来のお正月はその年の年神様《としがみさま》を接待するための行事です。普段は静かに行動をしている師（高僧や宮司さん）も走り回って、来年の年神様をお迎えする準備をするため、12月を師走《しわす》といいます。大掃除や、お節料理造り、年神様の祭壇準備など用意することはたくさんあります。そして最も重要な仕事が新米で造った御神酒《おみき》と鏡餅の用意です。

日本では古来、お米は神様が民に与えてくれた穀物でした。そして、江戸時代までは石高《こくだか》といって、米を生産性の基準にしていた国でした。米さえあれば人は飢えることはありません。だから大事なのですね。そのお米を原料として、人の手をかけて造る御神酒と鏡餅は、特別大切なものなのです。

その神様からいただくお米を「たくさん収穫できますように！」と願うのが夏祭り。「たくさん収穫できてありがとうございます！」と神様へ感謝するのが秋祭りなのです。

お正月はその年の豊作をお願いする年神様のための行事です。ですから新

年神様のおむかえ
新米
御神酒
新酒
鏡餅
おせち料理
御屠蘇

米で造った新酒と新米でついた鏡餅が重要なお供えになります。また私たちが健康であるよう、御屠蘇《おとそ》という邪気と病気を払う漢方の薬草がたくさん入っているお酒を飲むわけです。

そして、家族がともに、その家の最高の重箱と一番正式な銚子と盃を使って、神様に供えた御節料理と御屠蘇をいただくわけです。

花見酒

桜の「さ」は田の神、稲の神を表す古語、「くら」は神坐《かみざ》の意味です。つまり桜は神様の木なのです。桜の木には神様が宿っていると思われていました。その神様をねぎらうために桜の木の下に集い宴を開き、神様に秋の収穫をお願いしたのが花見の始まりです。

以前、在日の外国人だけの花見の会を代々木公園で行いました。桜の花にまけないような朱塗りの大きな盃で皆さんと楽しみました。大変喜ばれましたが、隣の日本人だけの宴会はワイングラスでワインを楽しんでいました。あまりにもその光景が面白かったので、お互いに写真を取り合いました。

このようにお花見は自分たちが一番好きなお酒を楽しむのが良いですね。でも日本酒もワインもデリケートな味わいです。紙コップではなく銘々好きな酒器を持参すると、宴はもっと華やかになります。

月見酒

縄文時代より、日本人は月に特別な思いを寄せる風習がありました。月の満ち欠けや暦など、月を自然の神として信仰していたのです。

今でも月見団子や里芋、すすき、新酒を供えて中秋の名月を祝う人もいるのではないでしょうか。月を盃に映してお酒をいただくと良いといわれます。そのためには月がきれいに映る平盃を用意しましょう。

西洋での月は死を表す不吉なものといわれてきました。月だけでも文化の違いの大きさがわかりますね。

雪見酒

雪月花《せつげつか》といわれているように、日本ではこの三つは同時に愛でることのできない尊いものとして扱われてきました。真っ白な雪に色々な思いを人は感じていたのでしょう。旅先で雪見障子越しに深々と降る雪を愛でつつ、炬燵に入りながら飲む燗酒の美味しさはまさに「日本の美味！」といったところでしょう。

「今までに一番印象に残っているお酒はなんですか？」とよく質問をされます。それに対する答えは「吹雪の中、能登半島に行った時に、バスを降りてバス停の前にあった定食屋さんで飲んだ、熱燗のワンカップ」でした。外は吹雪いて、店の中は暖房が効いていても寒く、その時にアツアツのワンカップの美味しかったこと！　身も心も温まりました。

お酒を飲むシーンにより、普段とは異なった感覚になります。いつも、かわり映えしない酒器揃えではなく、ちょっとひねりを効かせた酒器で、お酒の新たな美味しさを発見してみてはどうでしょう。

お燗の文化と酒器

燗酒の文化を紐解くと、平安時代にまでさかのぼります。大臣大饗《だいじんだいきょう》という大臣就任の正式な宴にも燗酒は振る舞われていました。

しかし庶民にまで広がるのは江戸時代になってからです。

江戸時代になると一合徳利が作られるようになり、燗酒が一気に広がります。そうなると燗酒に伴う酒器も色々登場しました。

いつでもどこでも燗酒が飲めるような、持ち歩き用の燗酒道具や炭を入れ、

燗酒に便利な道具たち
一合徳利
持ち歩き用燗酒道具「野燗炉」
お猪口

水を沸かして燗ができるような、縦横10㎝の小さな道具も登場します。できあがる燗酒はわずか80㎖たらずです。またお猪口もお酒が冷めないように、一口で飲み干せる小さなお猪口が作られます。こうまでして燗酒が飲みたいほど、温かいお酒に魅了されたのは、お酒の質のせいでしょう。今のお酒に比べると、酸が強く濃淳な味わいでした。そのようなお酒は温めることにより大変飲みやすく、旨味が増すのです。

このように燗酒の普及とともに燗酒の酒器の文化も花開きました。今もそのような酒器は骨董市や地方の古道具屋さんなどで見つけることができます。昔の人々が愛した燗酒道具やお猪口に出合ってみてはいかがでしょうか。

ワイングラスで飲む日本酒

最近ワイングラスで飲む日本酒がブームです。なぜワイングラスで飲むの？と思われる方もいらっしゃるでしょう。吟醸生酒などフルーティな香りが含まれている日本酒が多いので、ワインと同じように、香りを利く楽しみ方が増えてきたからです。

ワイングラスは総じて側面が膨らんでいて、口がつぼまっているチューリップ状が多いですね。この構造がお酒の香りをグラスの中に閉じ込めます。同時にワイングラスは飲み口が薄くできており、舌の先端に液体が触れるように飲むことができます。舌尖《ぜっせん》と呼ばれる先端部は、繊細な香りを感じるセンサーが付いています。繊細な香りと繊細な味覚を感じやすいワイングラスは、大吟醸や生酒には向いている酒器といえるのです。

最近ではリキュールグラスを作るオーストリアのリーデル社が大吟醸や純米酒専用のグラスを開発しています。また海外でも評判の木本硝子や日本酒ディレクター田中順子氏がコーディネートした菅原工芸硝子などの日本のメーカーも、日本酒を研究し尽くした、素晴らしい日本酒専用グラスを開発しています。マイグラスとして持っていると、日本酒ライフが広がります。

色々な状況で飲む酒器を揃えることにより、日本酒の魅力がどんどん増していきます。ぜひお楽しみください。

季節のお酒とおつまみの合わせ方

季節に合わせたタイミングと酒器が揃ったらいよいよおつまみです。ところで、おつまみのことを「肴」とも呼びますよね。古来、肴はお酒に添えるものの総称で、古くは服飾品や武具などをいいました。江戸時代中期以降に、宴会料理などの発展により、お酒に一番合う魚介類を指すようになりました。同時に、酒席の座興にする歌や舞なども「肴」といいます。

では、季節に合わせた美味しい肴を紹介します。

春

寒くて厳しい冬が過ぎ、フキノトウや野の草の新芽が出てくると、気分も高まってきます。お酒も色々な新酒が売りに出されて、特に春らしい桜をイメージする桃色のラベルなども目立ち、新酒を飲みたい気持ちも高まります。

〈あさりの浅煮〉

むき身のあさりを日本酒でサッと煮ます。そこへみりんと醤油を少量入れて、煮立った直後に火を止めます。

お酒は常温の純米酒を徳利へ入れて、桜が描かれているお猪口で飲むと、さらに春らしくなります。お好みでぬる燗もおすすめです。純米酒の中にある旨味成分が、あさりの旨さをさらに引き出してくれます。

〈蕗味噌奴《ふきみそやっこ》〉

蕗味噌を自分で作っても良いのですが、春になると佃煮屋さんなど色々なお店に並びますので、これを冷奴の上に載せていただきます。

お酒は、フレッシュ感あふれるスパークリングの生酒をワイングラスまたはシャンパングラスで。新酒のフルーティな香りと、フキノトウの苦みと辛さが、少し甘く感じる新酒の生酒を引き締めてくれます。

〈白魚《しらうお》の卵とじ〉

白魚が店先に並ぶと春を感じる方も多いと思います。まず、鍋に出汁を入れて淡口《うすくち》醤油と日本酒を入れて煮立たせます。白魚を入れて火が通ったら、溶いた卵を入れ、卵に火が通ったら直ぐに器に移してください。

お酒は吟醸酒のにごり酒か生酒がおすすめです。日本酒専用グラスでいただくと、淡い味のお料理と爽やかな吟醸生酒の両方の味を引き立ててくれます。

夏

暑い季節ですが、夏ならではの催しがたくさんあります。日本酒も夏専用のお酒が登場します。全てがキラキラ輝いている夏を存分に楽しんでください。

〈鮎の香草焼〉

鮎に軽く塩を振り、フライパンにオリーブオイルを入れて鮎の両面をサッと焼きます。火を弱火にして青蓼《あおたで》を鮎の上に載せて、軽くお酒を振り、蓋をして数分蒸し焼きにします。

鮎の時期には青蓼の束を売っていますが、もし見当たらない時は、フェンネルでも美味しいです。タイムだと香りが強すぎるので、秋の落ち鮎には向いていますが、この時期の鮎には香りが強すぎます。

お酒は大吟醸酒を吟醸グラスか白ワイン用のグラスでお楽しみください。ほのかに西瓜の香りがする鮎と大吟醸に含まれる香りが、見事なペアリングを醸し出します。

〈茄子の炙り焼〉

茄子を半分に縦割りに切ります。その断面にごま油をたらし、ロースターかガスコンロに網をのせて、片面ずつ炙り焼にします。生姜醤油をつけてガブリと食べてください。

お酒は6月頃から店頭に並ぶ「夏の酒」で。各蔵が色々な夏のお酒を企画しています。夏のお酒は、暑い夏でも喉越しが良いようにアルコール度数を落としたり、旨さよりも爽やかさが出るような造りにしています。夏らしいグラスでお楽しみください。ロックアイスを入れると夏らしさが盛り上がります。


〈鰻の蒲焼〉

土用の丑の日、昔は町中に蒲焼の香りがしたものでした。しかし今や超高級魚です。とはいえ、夏バテ防止にはやはり欠かせない料理です。スーパーで売っている中国産の蒲焼の鰻を美味しくいただく方法を教えます。

まず、お惣菜売り場の鰻はタレがたっぷりかかっているので、このタレを小鍋に落としてください。フライパンに、鰻をのせて軽く日本酒を振って弱火で温めます。

温まったら火を強くしてアルコール分を飛ばすと同時にしっかり焼きます。

小鍋に入れたタレを温めて鰻にかけます。うな丼の場合はご飯にもタレをかけてください。

お酒は純米酒の燗酒がおすすめです。夏はクーラーで体が冷えている方が多いので、燗酒で体の中から温めると体調が良くなります。蒲焼と燗酒は最高の相性です。ぜひ夏の燗酒と鰻で体力を回復してください。

夏らしい磁器の徳利とお猪口がぴったりです。有田焼・九谷焼・清水焼の酒器がおすすめです。

料理酒でなくても大丈夫！
ウナギがふっくらします

秋

食欲の秋は日本酒が最も美味しい季節です。しかもお酒に合う肴がたくさんあるので、ついつい飲みすぎてしまいます。秋のお酒「ひやおろし」は8月末から店頭に登場しますが、飲み頃は10月です。早めに買って冷蔵庫か、光が当たらない場所で静かに保存しましょう。

〈戻り鰹のたたき〉

初夏の初鰹は旬に食べるもので、本当に美味しい鰹はこの時期の脂ののった戻り鰹です。刺身でも美味しいのですが、炙って少し脂を落とした「たたき」は絶品です。魚屋さん、デパ地下、スーパーでも売っているので、それを買って葱や生姜、お好みでニンニクを足して盛り付けてください。

お酒はやはり鰹が水揚げされる地方のお酒がおすすめです。宮城県、千葉県、和歌山県、高知県などの秋のお酒「ひやおろし」を常温か、ぬる燗で合わせてください。

徳利もお猪口も磁器ではない温かみのある土物の陶器がおすすめです。萩焼、備前焼、益子焼などの酒器で、秋を感じましょう。

〈菊花のお浸し〉

秋の八百屋さんや各食料品売り場には黄色や赤紫の菊の花が売っています。ほとんどが山形産です。山形ではこの菊を「もってのほか」といいます。皇室の御紋章である菊花を食べてしまうのでこのような名前が付いたそうです。

この菊を花びらだけ花弁からむしり、サッと洗います。お酢を入れた熱湯でさっと茹で、水で冷やし、しぼります。それを出汁とお醤油を同分量入れた漬け汁に浸していただきます。山形の方は、お刺身を食べるようにお醤油につけて食べる方も多いようです。

９月９日は重陽の節句といい、菊の節句の日です。邪気を払い、長寿を願うお節句です。この時期はスッキリした本醸造か純米酒に、熱湯に通す前の菊花を浮かべて、菊酒を作りましょう。もしお正月に使う塗の盃があれば菊の花を浮かせて飲みましょう。塗の盃は一番正式な日本酒を飲む酒器です。お正月はじめ各節句には、塗の盃でお酒をいただきます。

〈松茸のホイル焼き〉

外国産の松茸がかなり安く入ってきます。

松茸は水で洗わないで、クッキングペーパーか歯ブラシできれいに掃除をします。あまり皮をごしごし落としてしまうと、皮に旨味がたくさんあるので、ほどほどにしてください。

石づきという一番下の部分を包丁で落とします。手で割くか、そのまま割らないで、日本酒を少し入れたアルミホイルに包みます。オーブントースターで5～8分焼きます。スダチとお醤油を少し垂らしていただきます。

このお料理は満月の夜に、月が見えるところで楽しんでください。一緒に月見酒をしませんか。重陽の節句で使った盃に、秋のお酒「ひやおろし」を注ぎ、盃の中に満月を写して月と一緒に飲み干しましょう。輝く月光がお酒の中にゆらゆらと揺らめき、平安人の雅を感じることができます。月の精を体に入れることにより、邪気を払います。

冬

クリスマス、お正月とご馳走がたくさん並ぶ冬は、新米で造った新酒も登場してきます。暖かい部屋で冷えた新酒を楽しむのも良いですし、炬燵でお鍋をつつきながら好みのお猪口で燗酒を楽しむのも風情があります。

〈ねぎま鍋〉

お刺身売り場に、鮪《まぐろ》のアラがかなり安く売られています。その中でも脂ののっている大トロのアラがあったら、ねぎま鍋にチャレンジしてみましょう。その他の材料は長葱だけです。アラには骨が付いているものもあります。

骨を避けて3cm角のサイコロ状に切り分けてください。葱は緑のところも一緒に、大胆にザクザクと大振りに切ります。

土鍋にたっぷりの出汁、日本酒、醤油を同じ分量入れて煮立たせます。そこへ鮪を入れて、軽くアクを取り、葱を入れます。葱をあまり煮すぎないのがコツです。

火を止めて七味唐辛子を振りかけながらいただきます。めんつゆで作っても美味しいのですが、できるだけ薄味に作る方が、葱と鮪の味が引き立ちます。生姜は好みで入れてください。魚の臭いが気にならない方は、生姜を入れない方が良いでしょう。

この料理は江戸の庶民の食べ物です。お酒は常温の本醸造酒か普通酒を茶碗で楽しむ茶碗酒も良いかもしれません。江戸時代の下町にタイムスリップした気分になれるでしょう。

〈御節料理〉
御節料理はその年の年神様に捧げる神饌《しんせん》です。年神様や各家に祀られている神様と一緒に御節をいただきます。御節料理は奈良時代に原型ができました。子宝に恵まれる「数の子」、必勝を祈願して邪気を払う「かち栗」、健康でまめに働けるように「黒豆」、この三種類だけでした。その後、年代とともに御節の種類も増えていきました。

現代の御節料理は和・洋・中と色々な料理があります。でも劣化を防ぐために濃い味付けのものが多いのが特徴です。

お酒は樽酒を合わせると、樽のすがすがしい香りが、濃い味付けの御節料理とよく合います。この時期だけですが、瓶に詰めた樽酒も販売されていますので、探してみてください。

樽酒は枡《ます》でいただくとさらに気分が盛り上がります。お正月用品売り場に売っています。また最近は塗り物風のプラスチックの枡や美しいアクリルの枡もあります。

※神饌……神様に献上するお食事。お供えした後、お下がりを人々がいただく。

〈粟《あわ》ぜんざい〉

お餅を入れたぜんざいより、もちきびを使った粟ぜんざいは、さっぱりしているのでおすすめです。

もちきびは前の日に水に浸しておきます。茶こしのような目の細かい物、あるいは珈琲フィルターで水を切ります。炊飯器でご飯を炊くときと同分量の水で炊いてください。こしあんは市販されているあんを買い、鍋にこしあんとあんの半分の水を入れて、弱火で温めます。お椀に炊いたもちきびを入れて、その上にお好みの量のあんをかけます。

お酒はさっぱりとした本醸造酒を常温か軽く冷やして合わせます。餡の甘さと、もちきびの素朴な味が何ともいえない一体感を演出します。

東京では、汁気のないつぶあんか、こしあんがお餅に掛かっている物を「ぜんざい」と呼び、関西では「亀山」「金時」と呼びます。さらに、東京では、汁気のあるつぶあんにお餅が入っている物を「田舎しるこ」、こしあんにお餅が入っている物を「御前しるこ」と呼びます。関西ではつぶあんで汁気のある物を「ぜんざい」と呼び、こしあんで汁気のある物を「しるこ」と呼びます。

日本酒と肴のペアリング

日本酒はたくさんの成分で構成されています。五味（甘・辛・酸・苦・渋）といわれており、肴を引き立たせる役目を担います。

魚料理

日本酒の甘さ成分はアミノ酸、コハク酸などの旨味成分で構成されています。例えばアミノ酸が豊富な**塩辛とか魚卵、鰻の蒲焼、サバの塩焼き、鯛のかぶと煮**などと、アミノ酸が豊富な**純米酒**を合わせると相乗効果を生み、肴もお酒もさらに美味しくなります。アミノ酸やコハク酸は温めるとさらに美味しさを発揮するので**純米酒系の燗酒**がおすすめです。

辛味成分はリンゴ酸やクエン酸などが担います。この成分が多いお酒は**吟醸酒系のお酒**です。口の中をきれいに洗う役目をしますので、**白身のお刺身や鯛の酒蒸し**など抜群の相性です。ただし、あまりフルーティな香りが高い大吟醸酒だと肴の味を消してしまいます。またリンゴ酸などさっぱり系の酸は冷やすとさらに本領を発揮します。従って10度前後に冷やして飲むと美味しくなります。

フランス料理

フランス料理と日本酒を合わせるために、フランス人が選ぶ「ＫｕｒａＭａｓｔｅｒ」という日本酒コンクールが２０１７年からフランスで開催されています。審査員はソムリエ、レストランやホテルの関係者など、各分野で一流のフランス人を中心としたヨーロッパの方々です。このように地元のフランスでも**日本酒とフランス料理を合わせる流れができ始めました。**

ではなぜ日本酒とフランス料理が合うのでしょうか？　何よりもいえることは、**日本酒は食材と喧嘩することがほとんどないお酒**だということです。それは日本酒に含まれている酸類、香りの種類などがワインに比べて多いからです。最近フランス料理に隠し味として出汁や醤油、日本酒が使われる場合が多くなっています。つまり旨味成分です。旨味成分は日本酒にはたっぷり入っていますが、ワインにはない成分です。このように日本酒は味と香りの幅が広いので、どのような食材、料理にも合わせやすいお酒なのです。

チーズ

ワインの相棒と思えてしまうチーズも、日本酒と同じ発酵食品ですから日本酒に合わないわけがないのです。チーズでも色々な種類があります。日本酒との相性が良い組み合わせをお伝えします。

・スパークリング日本酒とモッツァレラ
・古酒と青カビチーズ＋蜂蜜
・冷えた吟醸酒と白カビチーズ
・生酛・山廃純米酒の燗酒とウオッシュタイプチーズ（エポワスなど）
・生酒とハードタイプのチーズ（コンテなど）
・燗酒とミモレット

さらに「チーズのお浸し」は日本酒と抜群の相性です。

〈カマンベールチーズのお浸しの作り方〉
カマンベールを小さなサイコロ状に切り、刻み葱、鰹節と和え、そこに少量の醤油をかけ、軽く和える

豆腐

日本酒の肴として王道です。味はもちろんですが、それだけではない魅力があります。それは**利き酒にぴったりの肴**だということです。

日本酒の味を正確に知るため、利き酒の際には肴を食べないのが基本です。でもそれだけでは身体に悪いですよね。

戦前の杜氏さんは利き酒をする時には豆腐を愛用していたそうです。それは豆腐が口の中をきれいにしてくれるからです。利き酒と利き酒の間に豆腐を一口食べると、前に利いたお酒の香りと味が消えて、次のお酒を利くのに良いからです。これは飲んでいる時にも使える技です。新しいお酒を頼んだら、一片のお豆腐で口をきれいにして飲むと、新しいお酒の味と香りが楽しめます。**冷奴を頼んでおいて、お酒とお酒の間に食べると、いつまでもお酒が美味しく飲**

めるという裏技です。

大根

これも肴の王道です。大根は個性的な味わいと香りがほとんどない野菜ですが、そこが肴としては優れものです。お酒が持っている甘味、酸味などの個性を全く消すことがなく、それでいて**味噌をつけて食べる**と、味噌の強烈なインパクトを和らげ、最高の肴にしてしまいます。**出汁で煮れば**、旨味成分の出汁をたっぷり吸い、この出汁の中にあるアミノ酸やコハク酸、イノシン酸がお酒の中にある同じ旨味成分を見事に引き出し、さらに美味しい味わいのお酒にしてくれます。**大根おろし**にすれば、そのままでも濃い味のお酒を飲みやすくします。また、本来は濃いお酒に合う塩辛も、大根おろしを塩辛と和えると、さっぱりしたお酒にも合います。大根の中には甘味成分があり、その甘味成分が日本酒の中にある甘味成分と融合して、日本酒に合う肴にしてくれるのでしょう。

このように大根は多少好みでないお酒も美味しくいただけるという、すごい特徴を持っています。

チョコレート

えっ！と思われる方も多いと思います。チョコレートとお酒を合わせる時にはブランデーやウイスキーが定番です。しかし「もうお腹もいっぱいだけれど、締めに美味しい日本酒と何かが食べたい」と思ったときには、チョコレートは最高の肴になります。

例えば口の中でとろけるようなトリュフチョコレートに、にごり酒を合わせると、にごり酒の甘さがチョコレートをうまく包み込みます。また少しビターなチョコレートには純米酒のぬる燗がおすすめです。口の中でチョコレートが静かに溶けだし、ビターチョコレートの苦みと純米酒の甘さが素晴らしい一体感を演出します。

新しい自分を表現する、美しい飲み方とは

色々な国の文化には、その国の歴史とともに育まれてきたマナーがあります。マナーというと「堅苦しい」と思われる方もいるでしょう。でもマナーは**相手のことを思うこと**だったり**自身の価値を高める**ことだったりします。

それぞれの状況に合わせた立ち振る舞いができると、相手に好感を持たれ、自分自身も成長できるのです。

お酌をする・される時のマナー

まず、注いでもらう時、日本酒のお

猪口は手に持って注いでもらいましょう。**右手で持ち、左手を添えるのが正式なマナー**です。

ワインはグラスをテーブルに置いて注いでもらうのがマナーであるため、日本酒の場合も盃を置いたままお酒が注がれるのを待っている方もいますが「盃を受ける」という言葉がある通り、受けるための手も添えて注いでもらいましょう。

もし、自分がお酌をする際に、相手が盃を置いたままでいたら「盃を手にお取りください」とお伝えすると、丁寧で、嫌な印象になりません。徳利やお猪口や盃は、もともと注ぎ口に盃を持っていくことが前提となって作られていますから、注ぎやすくなります。

最近はワイングラスで日本酒を楽しむ場合も出てきました。その際は、酒器に合わせて**テーブルに置いたまま、注いでもらうのが良い**と思います。注いでくれる方が注ぎやすいように考えることが大切です。

いずれにせよ、気を付けなくてはいけないことは、**お酒が入っている徳利や酒瓶がいただく方の酒器（盃やグラス）に触れないように注ぐこと**です。酒器を破損する恐れがあります。

また、盃やグラスにまだお酒が残っているのに、注ぎ足しをするのはマナー違反です。「相手のお酒がなくならないようにしてあげよう」という配慮をされる方もいますが、お酒は自分のペースで飲むのが一番楽しめる方法です。弱い方はゆっくりとしたペースで飲みすぎないようにしていますし、注ぎ足しをすることでお酒の味も変わってしまいます。

さらに盃にお酒が残っているのを無理に干させることもやめましょう。一気飲みは急性アルコール中毒になる可能性があるからです。お酒に強い人に合わせるのではなく、お酒が飲めない人への配慮が大切です。

お酌の歴史はマナーの歴史

お酒が出てきた際に急いで徳利を持ってしまうことはありませんか？目下の人が目上の人にお酌をするようになったのは１９７０年代の高度成長期頃、長い日本の歴史から見ると、かなり最近のことなのです。

時代をさかのぼれば、目上の人が目下の人に「盃を取らす」といい、殿様が代理の者に酌をさせて、家来との主従関係を確かめていました。このように殿様が家来にお酒を与えるのであって、家来が殿様や自分より上級者に酌をすることは「俺の家来になれ」という意味で、ありえないことでした。

また、祝い事の席などで、集まってくれたお客様に主がお礼の意をこめてお酌をするという場合もありました。

お酌の意味が逆転してしまったことには理由があります。昔はお酒の席には酌婦《しゃくふ》という女性がつくことが多かったのですが、その酌婦が姿を消し、上司が部下に酌婦の代わりをさせるようになったのです。

この歴史・経緯を知っている人同士だと、お酒の席も変わりますよね。いそいそと徳利を取るのではなく、一呼吸おいて、様子を見ながら判断するのも気づかいです。

私が、ある経済人の方とお酒を共にする機会があった時のことでした。各自のお膳に付きだしと1合徳利が付いて出てきました。すると、目上のその方から「まず一献」と盃をいただき、その後、私も返杯をしました。その後「ではこれからは独酌《どくしゃく》で」と言われ、それぞれのペースで飲み始めました。とてもスマートな振る舞いだと感じました。

このように、かつて宴会の席でも各自のお膳には必ず1人1合の徳利が付いており、最初は左隣の方へお酌をしてあとは独酌でという飲み方がありました。

※独酌……1人でお酒をついで飲むこと。

お酒を飲む際の装い

お酒の席では、自分の香りに気を付けてください。繊細な吟醸香を楽しめなくなってしまう可能性があるからです。「香害」という言葉があるように、強い香りにさらされると、体調を崩す人までいます。これは飲食の場以外でも、大切なマナーです。

同時にアクセサリーにも気を付けましょう。どのような店でも器は店の財産です。アクセサリーによる破損は、私の店でもかなりありました。本人は気が付かない場合も多々あるので、大振りのアクセサリーを身に着ける際には注意をしましょう。お料理が出てきたら、器に当たらないよう外しておくのも上品な仕種です。同じように最近の口紅は洗ってもなかなか落ちないものが多く、特に白木のお椀やお酒を飲む枡などは廃棄しなければなりませんでした。ウォータープルーフや濃い色の口紅は落としてから、料理をいただきましょう。

アルコールハラスメント注意報

日本の歴史の中では長く、お酒をたくさん振る舞い、飲んでもらうことが一番のもてなしだと思われていました。織田信長の時代に日本へ来た、ポルトガルの宣教師ルイス・フロイスも「日本ではお酒をしつこく無理強いし、嘔吐して酔っぱらうことがあたりまえ」と書いています。西洋では、酔っぱらうことは大いに恥辱であり、不名誉なことであったため、大層驚いたようです。

日本では、前後不覚になるまで客が酔っぱらうことは、宴会でお酒が十分に用意された証であり、お酒が少ないと主人の顔が立たないとされたようです。そのような理由で、酔っぱらいに大変寛容な文化が日本では続いていました。けれども近年、日本人には遺伝的にお酒が飲めない人が多数いることが明らかになり、アルコールハラスメントとして罰せられるようになりました。ただ、飲めない人への配慮はまだまだ足りないのが現実です。大酒を飲むことを自慢することも、自重したほうが良いでしょう。そのこと自体がハラスメント行為となります。

人は酔った時にその方の地が出ます。その時に「あの人のお酒はきれいなお酒だ」と言われるようにすると、人物像もかなり高い評価になるものです。いかに親しい人との酒宴でも飲んで乱れることは良くありません。お酒を飲むと気が大きくなります。お店の人に横柄な態度をとったり、声が大きくなって他のお客様に迷惑をかけるなどの行為は、特に気を付けましょう。

店の人との会話も重要です。横柄な態度は店員だけでなく、一緒に居る人を不快に感じさせてしまいます。特にクレームの時に、感情を態度に表してしまう人がいます。いかにスマートに伝えるか、とても大事なことです。

また記憶が飛んでいたり、知らぬ間に帰宅していたり、ということは明らかに自身の酒量を超えています。「たまたまだ」と見逃さず、大きな事故になる前に、自分のお酒の適量を知り、酔っぱらわないような飲み方を心掛けることが大切です。

ひと昔前までは、先輩が後輩をお酒の席に連れて行き、お酒の飲み方を伝授したものでした。名作映画「男はつらいよ」シリーズの中で、寅さんが甥の満男にお酒の飲み方を教えるシーンがあります。ご紹介してみましょう。

「まず、盃を持ちあげて酒の香りを利く。そしておもむろに一口流し入れる、酒が入ってゆくよ、と胃袋に教える。それから、付きだしをほんの少し、舌にのせる。そして酒を一口。これで、またウンと酒の味がよくなる。それを何だ！　お前はかけっこしてきてサイダー飲むみたいに。酒をあおって飲むんじゃないよ!!」

こんな具合にお酒の味わい方を教えたものです。いかにも、お酒が美味しそうですね。

ご飯から？　お酒から？　最初のひとくち

和食の食べ方にもマナーがあります。ご飯、汁物、おかずをどのような順番でいただくかです。**まず汁物**からいただきます。**それからご飯、おかず**。この順番を繰り返します。この順番には意味があるのです。

汁物でまずお箸を濡らします。ご飯をお茶碗によそう時、しゃもじを水で濡らして盛りますね。これはご飯が付かないためです。同じようにお箸にご飯が付かないように汁物でお箸を濡らすのです。また、汁物には口の中を滑らかにして、胃を活性化する意味もあります。

次にご飯をいただきます。「あれ、おかずではないの？」と思われる方も多いと思いますが、お米は日本人にとっての主食です。日本の歴史はお米の歴史だといっても良いくらい、お米は日本人に大切なものなのです。感謝を込めて、しっかりと繊細なお米の味をかみしめていただき、それからおかずに移りましょう。

おかずの種類がいくつかあったら**味の薄いものから**いただきます。そして**汁物、ご飯と繰り返す**のが美味しい食べ方といわれています。

この順番はご飯の味を楽しむための順番です。まさにご飯が主役です。ではお酒と肴の場合、どちらが先でしょうか。

私は**まずお酒**をいただきます。香りを愛《め》で、一献《いっこん》を口に含み、飲んで戻りの香りを楽しみます。**それからこのお酒に合う肴**を楽しみます。口の中はお酒で洗われます。お酒を一献飲んだ後だと、肴の持つ本来の美味しさが楽しめます。

そしてさらに一献。今度は口の中にお酒と肴の醸し出す、違う世界が広がります。お酒だけ飲んだ時と、肴だけ食べた時とは違う香りと味わいです。私はこの世界が楽しみです。

「うまいものを食べると、それに合う酒が欲しくなり、うまい酒を飲むと、それに合う肴がほしくなる」

ある食通の方がつぶやいた言葉です。まさに名言だと思います。

ご飯もお米単体の美味しさが口の中に広がりますが、そこにおかずが入った時に、全く違う味が、混然一体となって展開されますね。お酒も全く同じです。

ワインも日本酒も醸造酒は食べて飲み、飲んで食べるためのお酒です。ぜひ食べながら飲むことをおすすめします。

第5章

飲むだけじゃない!?
「いいね！」を楽しむ

日本酒ができるまでの神秘な世界

日本酒は米と米麹と酵母と水が基本的な原材料です。それぞれの原材料についてもう少し詳しくお話をしましょう。わからない言葉は日本酒用語辞典と併せて読んでみてください。

米

お酒を造るお米を酒米《さかまい》または酒造好適米といいます。皆さんが食べているお米との違いを挙げてみます。

- 粒が大きい（飯米24g以下に対して酒米28g以上）
- お米の中に心白《しんぱく》がある（お米の中心にある白い塊）
- タンパク質や脂質が多い（飯米にとっては良い点ですが酒造りには雑味になる成分）

実際の銘柄の例をご紹介します。

●山田錦（１９２３年に兵庫県農業試験場が開発。吟醸酒には欠かせない米）
●五百万石（１９３８年に新潟県農業試験場が開発。全国で栽培されている）
●美山錦（１９７８年に長野県農事試験場で二種の米をガンマ照射して誕生）
●雄町（１８５９年に現岡山県で発見されて戦前大人気だった。現在は復活して栽培されている）
●亀の尾（１８９３年に山形県庄内地方で発見。大正時代の人気米を復活させた）

この他に、主要な種類だけでも１５０種類あり、さらに現在も開発が進んでいます。

普段食べるお米の精米歩合は92％で、脂質などが残っているため美味しいと感じます。けれども、タンパク質や脂質はお酒には糠《ぬか》のような雑味になってしまいます。そこでその部分を削り取り最低でも70％まで精米をします。さらに大吟醸酒だと米粒の真ん中にある心白だけを使うので、50％以下まで精米をします。８％精米の大吟醸も販売されています。この場合、何と92％が米粉になってしまうわけです。ただ、その米粉は無駄になるわけではなく、おせんべいになったりして使われるのでご安心ください。

ここまで精米するのは、心白だけでお酒を造ると、全く雑味がなく華やかでフルーティな香りが出てくるからです。

逆に35％精米の山田錦のお粥を食べたことがありますが、確かに何の雑味もなく甘いのですが、旨さを感じることはできませんでした。

ここまで精米ができるのは、現代の高度な精米機があるからです。江戸時代では水車で精米をしていました。水車だと85％くらいしか精米ができません。そのお米でお酒を造るとどうなるか興味があったので、全国の酒蔵10蔵にお願いをして、85％精米した飯米で純米酒を造ってもらったところ、腕の良い杜氏さんでも四苦八苦されていました。

例えばものすごく酸味が強いお酒になったり、酒粕が多く、お酒の量が極端に少なくなったりしたのです。それでも、研究に研究を重ね、今でも「低精米純米酒」として残っているブランドもあります。嬉しい限りです。

水

お酒を造る水を「仕込み水」といいます。

水ならばどのような水でも日本酒ができるわけではありません。酵母菌や麹菌がすくすくと育成できる水質が重要です。

井戸水など湧き出る水は、その成分が大きく変動することがあるため一年に一回の水質検査が行われています。

それに対して水道水は51項目にわたるチェックが常に行われていて、皆さんが安心して飲める水質維持をしています。水の管理はそのくらい大変なことなのです。

余談ですが、仕込み水を酒蔵から持ち帰り、自宅で飲むことはあまりおすすめをしません。輸送中の温度などの環境変化により、水質が悪くなる場合があるからです。

ただし、酒蔵によってはペットボトルで販売している蔵もあります。このような水は加熱処理などをして、飲料水として保健所の許可を取っているので安心です。

硬水と軟水という言葉を聞いたことがあると思います。

お酒を造る水の硬度によってお酒の味わいが変わるのです。中軟水でも、比較的硬度の高い水でできるお酒はスッキリとした辛口風になり、軟水でできたお酒は比較的甘口風になります。前者のお酒を男酒、後者を女酒と呼んでいました。

それぞれの違いについて、詳しく教えます。

日本の水は軟水のため口当たりが柔らかくさっぱりしています。緑茶を入れると鮮やかな緑色が出て、同時にお

茶の風味も出やすくなります。また料理でも旨味成分を引き出すなど、煮炊きの多い伝統的な日本料理に適しているといえます。まさに軟水の水ならではの特徴です。

一方、硬水は、のど越しが硬いのですが、しっかりした飲みごたえがあります。このような硬度が高い硬水で緑茶を入れると、色や風味が出にくくなります。実は紅茶の場合も同じです。紅茶も軟水の方が美味しく出ます。ある紅茶の専門家に聞いたのですが、世界一紅茶に向いている水は日本の水道水だそうです。

日本酒は軟水である日本の水だから、美味しいお酒が醸し出されるということがおわかりいただけたと思います。ただ、硬度が高い水が全て悪いわけではありません。日本の中でも比較的硬度が高い水として有名な水が兵庫県灘《なだ》の「宮水」です。

江戸時代に発見されて、この水でお酒を造ると最高に美味しいお酒になるというので、多くの蔵が集まってきて日本一の酒どころとなりました。

この一帯は大昔、海の中だったので、ミネラルが豊富な中軟水です。分析をするとリン酸やカリウムが豊富でした。だから酵母菌が増殖しやすい水なのです。

一方発酵を阻害する鉄分が他の地域の半分以下なので、酵母ものびのびと発酵をして、しっかりした辛口のお酒に仕上がります。江戸の人たちはこの灘の切れの良いお酒が大好きで、灘から船で運ばれるお酒を「下り酒」として楽しんでいました。

今でも兵庫県が日本一の日本酒生産量を誇っているのも、この宮水のおかげです。

一方、軟水の代表が京都伏見の水「伏水」です。兵庫の宮水が硬度100㎎なのに対して、伏水は80㎎です。硬水に比べると発酵がゆるやかになり、じっくり発酵をします。そのために、硬水でできたお酒に比べるとほのかな甘さが特徴になります。このお酒には品の良い甘さがある京料理が実によく合います。

さらに軟水の水が広島です。広島市の中心地の西条は硬度30㎎の超軟水です。

これだと酵母がなかなか発酵をしてくれないので、酒造りには不向きなのです。しかし、明治の中期に三浦仙三郎という醸造家が苦労して発明したのが、軟水醸造法という発酵法です。この技術の完成により、広島が一大醸造地になりました。

麹菌

麹と糀、両方とも〝こうじ〟と読みます。この二つの字で麹菌の歴史がわかります。

昔は麹菌のことは知らない方が多かったのですが、健康食品がブームになった時に塩麹が注目されました。テレビなどでも取り上げられて、酒、味噌、醤油など日本の伝統食品に麹が使われていたことは、良く知られるようになりました。さらに和食がユネスコ無形文化遺産になったことで日本古来の食品を造る麹菌がさらにクローズアップされたのです。

日本では奈良時代の文献『播磨国風土記』に「神様に供えた蒸した米が濡れて、カビが生えて、それでお酒を醸した」と書かれています。しかし、これよりはるか以前に中国や古代朝鮮では麹菌を使った酒、味噌などの発酵食品が造られていました。ただ中国や古代朝鮮では主に麦を使って麦麹を造ります。

しかし、日本ではこの風土記にも書かれているように、米を使って米麹を造ります。

「麹」という漢字は奈良時代から日本でも使用しています。しかし日本だけ米麹を使っているので、幕末から明治にかけて「糀」と書くようになりました。中国から入った漢字「麹」が日本で「糀」に変化したのは、麦麹から日本独自の米麹になったので、わかりやすいように和製漢字ができたのです。

麹菌は色々な酵素を発酵過程で出します。

その主な酵素がでんぷんを分解するアミラーゼです。このアミラーゼは皆さんの唾液の中にも入っている酵素です。このアミラーゼは米を分解して甘いグルコースという糖にします。だから口の中でご飯を噛んでいると甘くなるのですね。一方、酒造りでは蒸した米粒に麹菌を繁殖させ、その麹米がお米を甘い液体に変えます。

その作業が醸造タンクの中で行われています。皆さんの口の中の代わりに、大きなタンクになっただけのことです。でも甘い液体はできても、このままでは甘酒（酒粕を溶かした甘酒ではなく、お酒になる前の全麹甘酒）のままで、アルコールは一切検出されません。ではどうするとお酒になるのでしょうか？

ここで登場するのが酵母菌です。

酵母菌

酵母菌は麹菌が造った甘い液体（グルコース）からアルコールと二酸化炭素を造るという発酵作業を行います。しかも麹菌と酵母菌がそれぞれの仕事を同じタンクの中で行うので、「並行複発酵《へいこうふくはっこう》」と呼ばれています。このような二つの菌が同時に発酵をするお酒は、日本酒だけです。

この二つの菌が仕事をする最初のタンクを酒母《しゅぼ》タンクといい、皆さんより少し背が低いくらいの小さなタンクで行います。その字の通りお酒のお母さんを造るタンクです。

このタンクの中には麹菌、酵母菌、水、蒸米、さらに乳酸菌が入ります。乳酸菌はタンクの中で乳酸を造り、酒母タンクの中を強い酸性にして、雑菌駆除をします。こうして麹菌と酵母菌が働きやすい環境を整えます。

こうしてお酒の素になる酒母が完成すると、大きなタンクでの本格的な酒造りが始まります。

もろみ

今度は人の背の2倍以上の大きなタンクに、仕込み水、酒母、麹米（麹菌が住み着いたお米）、蒸米を入れて、また同じように麹菌が造った甘い液体グルコースを造り、酵母菌がその甘い液体をアルコール発酵する並行複発酵が

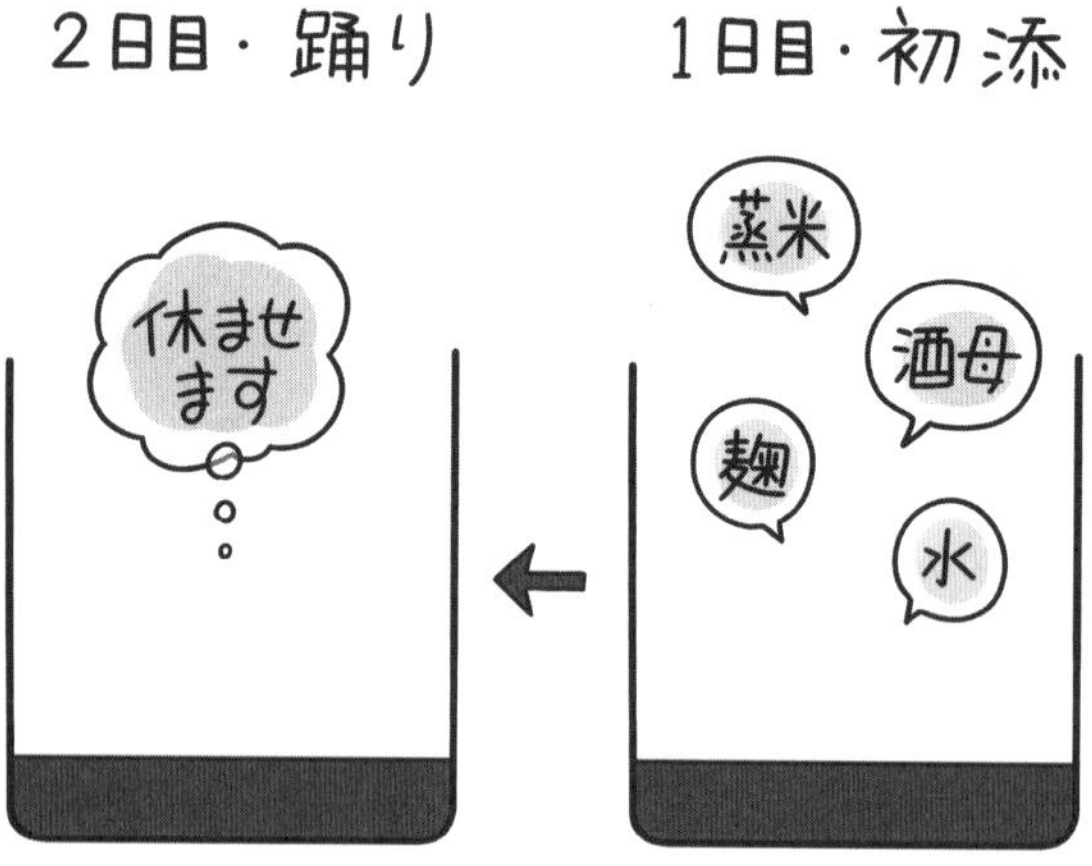

始まります。

　2日目はお休みさせます。その間で米が溶けてしまうので、さらに蒸米と水を入れる作業を3日目も行います。さらに4日目にまた水と蒸米を入れて完成です。

　三回に分けて仕込むので、三段仕込みといいます。なぜ三回に分けて仕込むかというと菌が疲れないようにです。

　皆さんも食べ放題の店へ行くとガンガンとすごい勢いで食べるので食べ疲れしますね。菌も同じです。菌を疲れさせないように2日目はお休みさせます。このように並行複発酵で造るので、醸造酒としては世界最高のアルコール

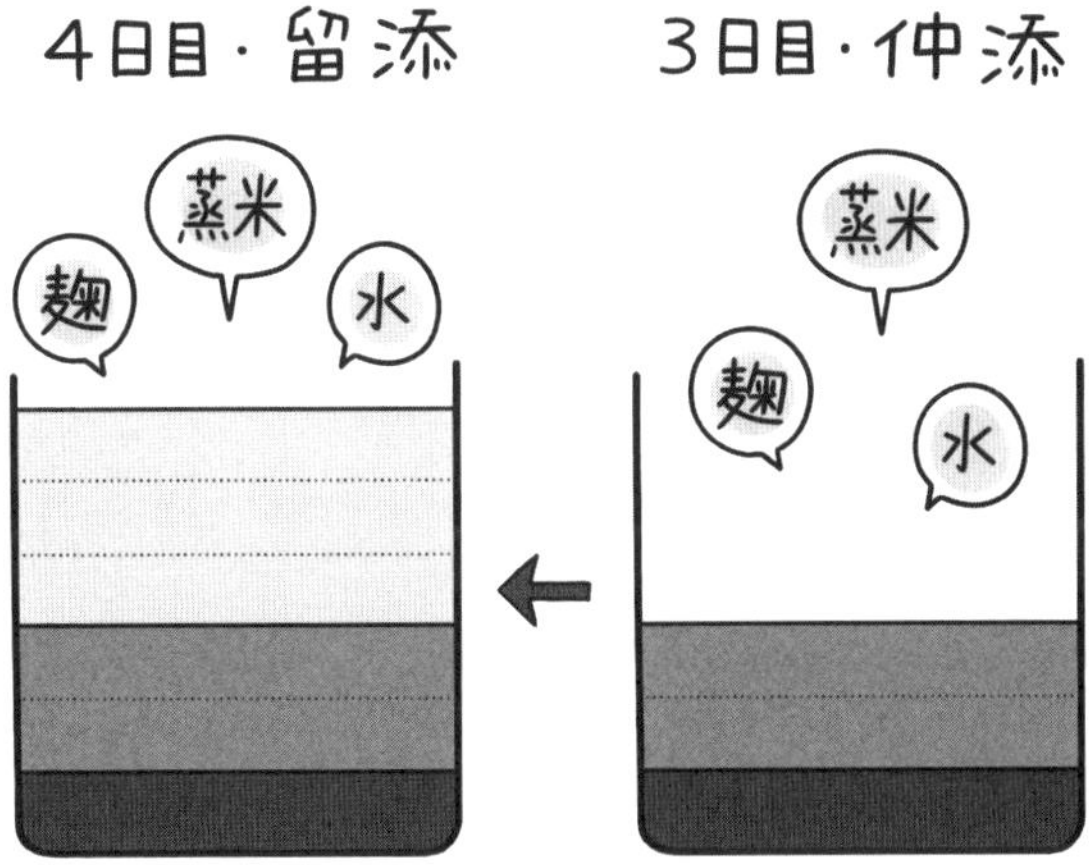

度数20度まで上がるのです。

こうしてできた液体をもろみと呼びます。

もろみを造っているタンクの中では酵母菌が懸命にアルコール発酵をしています。この時にタンクの中はまさに原始の地球のような状態になっています。二酸化炭素が充満して、ほとんど真空状態です。ブクブクと空気が噴き出ています。この時が酒造りをする人にとって一番危険な時です。万が一タンクの中へ落ちたら、タンクの中は真空状態なので即死してしまいます。

この発酵をどのくらいまで行うかにより、お酒の性格が決まります。酵母

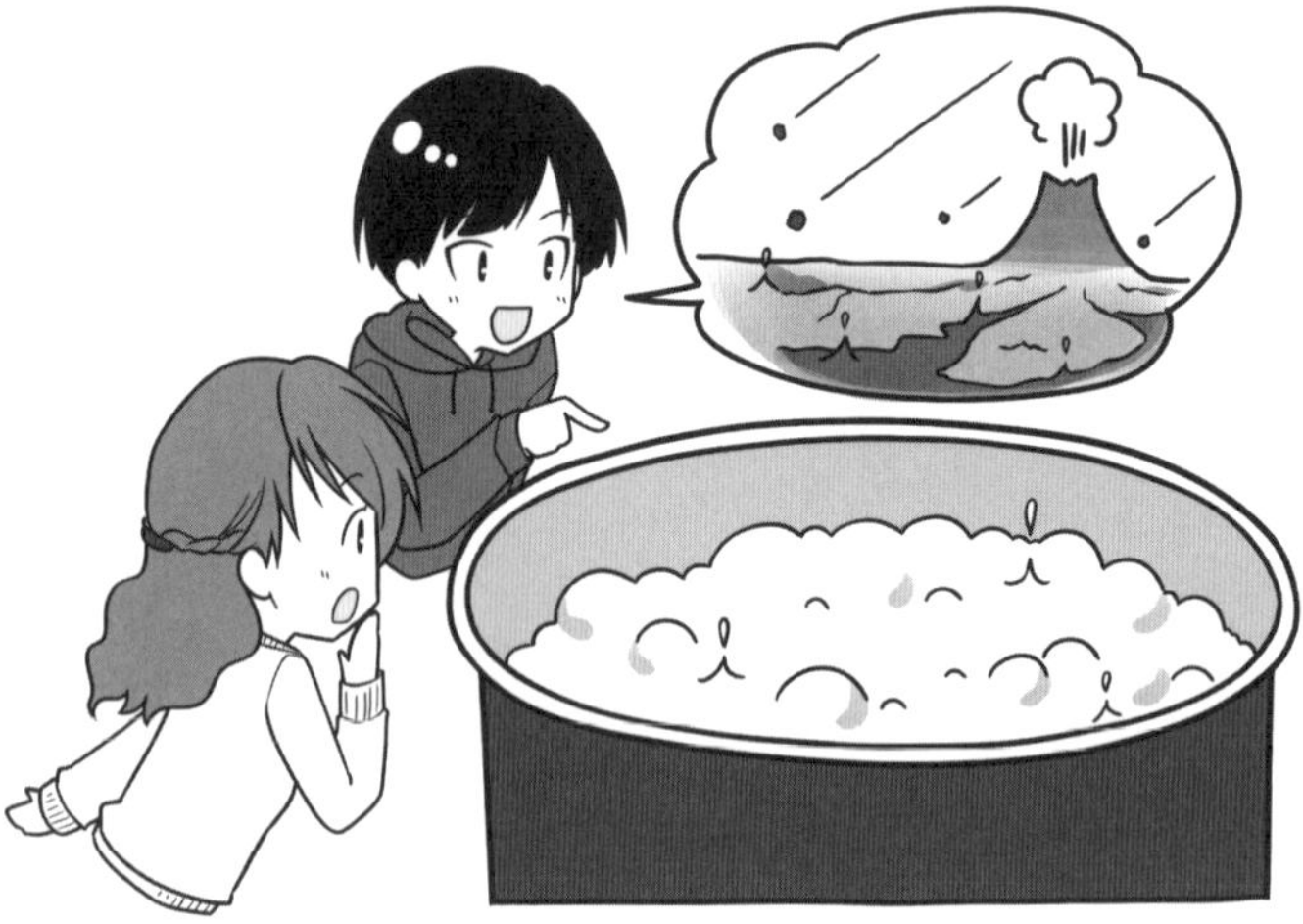

菌が甘い液体を全てアルコール発酵させてしまうと、甘さのない日本酒になってしまいます。全く甘さを感じない日本酒は甲類焼酎（梅酒に使うホワイトリカー）のようなお酒になってしまいます。

つまり、アルコール発酵をどのくらいのアルコール度数で止めるかが重要になってきます。

まだ甘い液体が多く残っていれば甘口になり、さらに発酵をさせれば辛口になります。

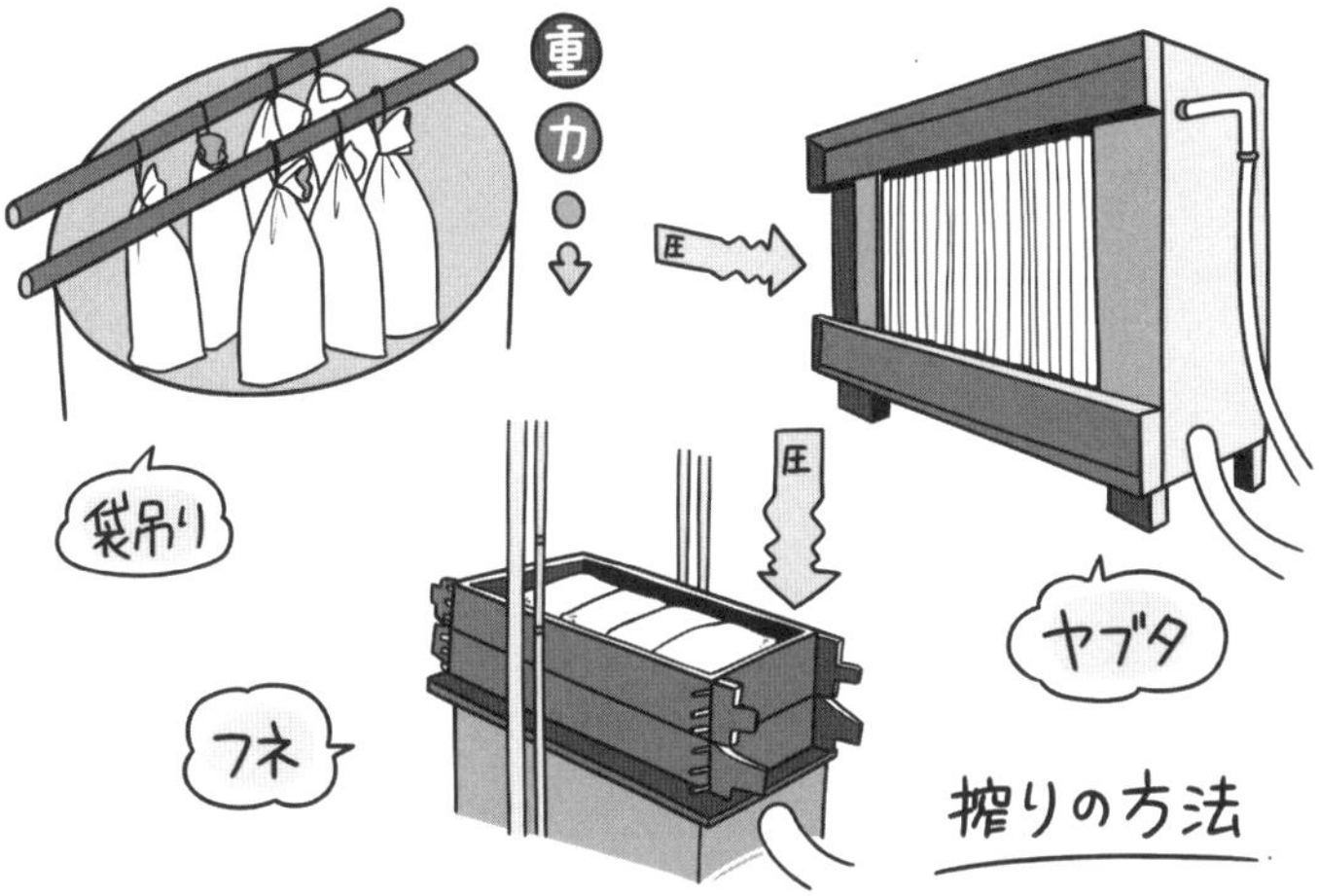

搾り

もろみを清酒と酒粕に分けることを搾《しぼ》りと呼びます。この搾る方法もいくつかあり、その方法によりお酒の格が決まります。手間をかけた搾り方のお酒はどうしても高くなります。「袋吊り」といって、もろみを袋詰めして吊り下げ、重力だけで雫のように垂れるお酒を集めたものを「雫酒（吊るし酒）」といいます。手間もかかりますし、量も取れないので高くなります。また江戸時代からの「ふね」を使った搾り「ふな搾り」も労力がかかり大量生産はできません。普通は「やぶた」という機械を使って一度に大量に搾ります。

生酒と火入れ

最近は生酒という表示のお酒をよく目にすると思います。フレッシュ感があり、香りも高く美味しいですね。一般に「生酒」が広まったのは、30年ほど前にクール宅急便が始まってからです。それまでは、酒蔵に行って直接搾りたてを飲ませてもらう以外、生酒を口にすることはできませんでした。今でも、きちんと管理をしないと味が変わってしまいます。なぜでしょう？　瓶の中にまだ酵母菌が生きていて、相変わらずアルコール発酵をしているからです。酵母菌は温度が低いと活動が鈍くなります。だから生酒は冷やして管理をしないといけないのです。

この菌を殺菌する作業を火入れといいます。

生酒を60度前後に加熱をして、菌を殺します。酒造りを頑張った菌を殺すのは忍びないですが、お酒の品質を安定させるためには仕方がありません。こうした火入れは貯蔵タンクへ入れる前と、瓶詰めをして出荷する前の2回行います。

杜氏（刀自）は女性を表す言葉だった

お酒造りの技術者集団の長を杜氏《とうじ》と呼びます。今では杜氏と書きますが、古代から江戸時代初期までは刀自《とうじ》と書いていたようです。刀自《とうじ》の語源は戸主《こしゅ》（家長）から来た説が有力です。

古代の日本では女性が戸主として、男性を迎えることがありました。その一家の主である女性を刀自と呼んでいました。また平城京では造酒司《みきのつかさ》という役所がお酒を造っていましたが、その酒造りに使う壺は大刀自《おおとじ》と呼ばれ、その壺で日本酒を造る人を小刀自《ことじ》と称していたようです。刀自は平安時代になると天皇のそばに仕える女性の称号としても使われるようになります。

このような情報を前提に日本酒の歴史を紐解くと女性たちの生き方、社会との関わり方が見えてきます。日本でお酒が造られていたことが、はじめて文献上にみられるのが有名な『魏志倭人伝』です。この書の中に「人性酒を嗜む」

と書かれています。古代史の謎の一つ、邪馬台国の記述です。邪馬台国は卑弥呼が治めていた国でした。卑弥呼は祈祷師としての役割も担っていたといわれています。

ここからは推論になりますが、その祈祷をするのに用いられていたのがお酒だったのです。「お酒に酔うという現象が、神が乗り移った状態」という認識があったようです。この辺りからお酒が神様と切っても切れない存在になったのではないでしょうか。まさにお酒は神様と話をするツールとして存在していたことになります。

お酒造りと女性の歴史

古代

邪馬台国では、口噛み酒が造られていました。生米あるいは蒸米を口の中で咀嚼して甘い液体になったら、壺に吐き、その壺の中の液体を天然の酵母菌がアルコール発酵させてできます。唾液の中にはアミラーゼ（でんぷん）をグルコース（糖分）に分解する酵素が含まれています。このような口噛み酒は、日本だけのお酒ではありませんでした。

ロシアの沿海州から沖縄、台湾、東南アジア、ポリネシア、南北アメリカと太平洋を取り巻く地域に分布しています。もちろん米だけではなく雑穀を使う国もありました。

日本の場合は口噛み酒を造るのは巫女さんだったのでしょう。その頂点が邪馬台国の卑弥呼だったのではないでしょうか。

余談ですが、固い生米を甘いどろどろした液体にするには20分以上噛まないといけません。そうすると顎が痛く

蒸米を口に含んでしばらくかみます.
もぐもぐ
器の中に吐き出します
空気中の酵母がまざり発酵がはじまります

なります。さらにもう一ヵ所、両目の外側「コメカミ」も痛むのです。

この「コメカミ（米噛み）」は口噛み酒からきた言葉ともいわれています。

もう一つ、お酒を造ることを「お酒を醸す」といいます。この醸すは、米を「噛む」→「醸す」が語源だという説が有力です。古代のお酒から出てきた言葉が今も使っている日本語の中にあるのです。

奈良時代〜平安時代

奈良時代、平安時代になると造酒司《みきのつかさ》という役所がお酒を造っていました。平城京跡地では造酒司で使用していた井戸が発掘されています。刀自が女性の称号であったことからも推察されるように、神様に供する御神酒を造るのは小刀自といわれる女性だったのでしょう。後に小刀自は春女《うすめ》とか舎人女《とねりべ》と呼ばれるようになります。

さらに新帝が即位された時にだけ行われる大嘗祭《だいじょうさい》の御神酒も、造酒童女《さかつこ》と呼ばれる未婚の娘が選ばれて醸していました。これは江戸時代まで続きます。

それぞれ「女」という字が使われているように、国の重要な儀式などに使われる御神酒は主に女性が造るものでした。また一般の家庭においても、酒造りは一家の戸主（刀自）の仕事でした。

国でも民間でも酒造りの主体は女性だったといえるでしょう。

江戸時代

江戸時代に入ると、中国から大きな樽を作る技術が伝来して、酒造りもそれまでの陶器の壺から、はるかに大きな酒樽で仕込むようになります。この時代から、酒造りはそれまでの家内制手工業から、大きな仕込みが可能な商業生産へと変化します。同時にかなりの力仕事になり、酒造りは女性から男

性へ移り、女性の酒造りの場はどんどん狭まっていくのでした。

さらに徳川幕藩体制が男女の同席を厳しく戒めた儒教や朱子学を思想の柱としていたために、女性の地位が低くなりました。その結果、酒蔵の中への女性の立ち入りは厳しく戒められるようになりました。

明治時代〜昭和

明治時代になると宮中で造られていた御神酒も外部委託になり、造酒童女もいなくなりました。明治から昭和まで、お酒にかかる税金は国の予算の25〜40％にもなり、国の重要産業として男性中心の酒造りが続きます。

戦後もしばらくは酒蔵に女性が足を踏み入れることも、善《よし》とされない空気が流れていました。当時は、「寒造り」といって各杜氏集団が全国の酒蔵に冬だけ入りました。彼らは故郷を遠く離れ冬だけの季節労働者として酒造りに来ます。地元に奥さんや彼女を残して、半年間蔵の中で寝泊まりをして酒造りに励むのです。

そこへ女性が入ると蔵人の「気」が乱れるといわれ、女人禁制が続いていたのです。蔵元（経営者）によっては、酒造りの間は女性との交渉を絶つ、という人もかなりいました。

１９７０年代になると世界ではウーマンリブという「男女は社会的に対等・平等である」という運動がおこり、女性の社会的自立が強まりました。日本でもその影響を受けて男女同権が広がり、この辺りから酒蔵への女性の立ち入りも自由になりました。その後、女性の蔵元や造り手も増え、今では女性杜氏も蔵人もどんどん増えています。

女性をターゲットにしたお酒が増えてきた

１９７０年代以降にはじまった高度成長時代には、接待ものすごい勢いで増え、日本酒業界も大いに潤いました。しかし、バブルがはじけ、リーマンショックが襲い、日本経済は長い低迷期に入りました。日本酒も今までのようには売れません。そこで海外輸出と、社会進出をした女性をターゲットに考えるようになりました。ようやく新しいマーケットへ目が向きだしたといえます。

試行錯誤しながら、本当に女性が好むお酒を開発して、少しずつ市場に出していきました。そこからどんどん女性のマーケットが広がりだしたのです。

今では20代、30代の女性の方が積極的に女子会を開き、日本酒の消費に貢献しているといっても過言ではありません。全国で開かれる「日本酒の会」でも、それまでは中年以上の男性が多かった会場に、最近は女性が多く来場するようになりました。

女性は自分の好きなお酒を積極的に宣伝して、知り合いにも広めてくれます。また少しでも味が落ちると、酒蔵や、お酒を売っている飲食店や販売店に、即クレームを入れてくれます。私が日本酒専門店を経営していた時は、クレームが来た時はすぐに酒蔵へ伝え、一緒に原因を考えました。その結果、思いもつかないところに原因を発見することが多かったのです。

このように、女性は新しいマーケットを開拓してくれるのと同時に、これまで蔵や酒販店が気付かず、見落としているところへも目を向けさせてくれます。これからも日本酒はじめ酒類の市場の牽引役は女性だと信じています。

日本酒で美しくなろう

酒風呂

酒蔵の杜氏さんはじめ蔵人さんたちの手はつるつるで、80歳の杜氏さんでも若い人の手のように美しいのです。また蔵元の奥様も皆さん肌が輝いています。これは日本酒の中の色々な成分のおかげです。

杜氏さんや蔵人さんは、麹室という38度の室温の部屋で、麹菌が噛んだ蒸米に触っています。また酒蔵の家族は、訳ありで飲めなくなったお酒を入れたお風呂に入ることが多いのです。家庭

用のお風呂で40度以下のぬるま湯にコップ1～3杯のお酒を入れて入ります。5分で普通のお風呂に入った時よりも体が温まっていることがわかります。その後、半身浴で15分くらい浸かっていると、岩盤浴をした時のように大量の汗が出てきます。デトックス効果です。

栓を開けてうっかり忘れていたお酒などがあったら、ぜひお試しください。

酒粕パックの造り方

①　酒粕（板状の酒粕）を少しのお湯でのばします。アルコール分を飛ばすために、電子レンジで加熱します。酒粕には最大8％ほどのアルコールが残留している場合が多いので、アルコールで肌が赤くなる方でも、こうしてアルコール分を飛ばせば、安心してお使いになれます。

②　アルコールを飛ばした酒粕をミキサーかすり鉢で粒が無くなるまで潰します。これに小麦粉を少し入れて、肌に付きやすくします。入れない方が効果的という方もいるので、小麦粉はお好みでお入れください。

③　顔全体に塗ります。5～10分放置してから、水またはぬるま湯で落として

ください。(小麦アレルギーの方は、行わないでください)

④ 保存容器に入れて冷蔵庫で保管すると1週間は持ちます。

日本酒由来の化粧品

多くの酒蔵や化粧品メーカーが日本酒、酒粕、麹菌、酵母菌、米を原材料とした化粧品を造っています。化粧水、美容液、保湿クリーム、インナーモイスチャー、クレンジングクリーム、洗顔クリーム……。

アミノ酸をはじめ、多くの日本酒に含まれる成分がシミの原因であるメラニン色素の生育を阻止する効果が認め

あまった日本酒をそのまま化粧水がわりに。
ペち
ペち

られています。

余った日本酒をそのまま使うこともできます。その場合は、純米酒以上の良いお酒を使ってください。また、パッチテストをした上でお試しください。

日本酒のルーツをたどる二泊三日の旅

さて、日本酒に興味を持っていただいたところで、今度はお酒の神様や古代から中世の酒造りの現場を巡ってみましょう。

日本酒をテーマに、京都～奈良2泊3日の旅を企画してみました。

お酒は元来、神様にお供えするものでした。お供えしたものを人々がいただき、神様の力を自らのものにしようとしたのです。全国のさまざまな神社で御神酒をいただけるのは、このような理由によるのです。

まず、旅の最初に「お酒の神様」にご挨拶にうかがいましょう。

1日目

【松尾大社】

京都駅から市バスか阪急電鉄嵐山線で「松尾大社前」まで行きます。鳥居の横には、大きな酒壺「瓶子《へいし》」が一対見えます。神様にお供えする御神酒を表しています。さすが！お酒の神様「松尾大社」です。ここは、古代に中国から酒造技術を伝えたといわれる秦氏の神様を祀った神社でした。室町時代初期頃から、この神社の神様を「酒徳神」としてあがめるようになったのです。その後、江戸時代になり京阪のお酒が銘酒として有名になると、「お酒の神様　松尾様」として全国区になりました。酒蔵を訪問すればかなりの確率で「松尾様」が祀られています。ぜひ、お酒の神様に手を合わせてから、蔵を見せてもらいましょう。「松尾大社お酒の資料館」では、古い酒道具なども展示され面白いですよ。ぜひ足を運んでください。

京都市内にもどり、近鉄特急に乗り「大和西大寺駅」から徒歩で【平城京跡】にゆきます。

【平城京跡】

平城宮跡歴史公園として、広大な敷地に奈良時代の大極殿や朱雀門・庭園などが再現されています。ここには、当時の国営醸造所「造酒司《みきのつかさ》井戸《いど》」が発掘公開されています。当時の人々がここで酒造りを行っていたと思うと、感慨深いですね。「遺構展示館」見学もおすすめです。

【なら泉勇齋《いずみゆうさい》】

一日の心地よい疲れを、奈良酒で癒しましょう。奈良市内西寺林町に、奈良酒専門店「なら泉勇齋」があります。県内28蔵のお酒がすべて有料試飲できます。特に、「菩提酛」（中世の美味しいお酒の元）を使ったお酒が全て揃っているのは、ここだけです。秀吉も愛したお酒を味わってみませんか。

なら泉勇齋　奈良市西寺林町22　木曜日定休　電話：0742（26）6078

2日目

【春日大社酒殿】

すがすがしい空気の中、奈良公園内の春日大社に向かいましょう。春日大社の境内に、古代から現代にいたるまで、お酒を造り続けている『酒殿《さかどの》』があります。この場所でお酒を造り始めたのは8世紀頃、まだ今のような大きな社殿はなく、三笠山をご神体としてお祀りしていた頃からではないか、といわれています。実は、今のような神社の建物が造られ始めたのは鎌倉時代です。それまでは、立派な山や大きな岩そのものを神様として信仰し、簡素な建物を礼拝の際に建てていたと思われます。春日大社『酒殿』は、そんな古代からのお酒の銘醸地なのです。今も毎年3月の「春日祭」のための「濁酒《にごりざけ》」をこの「酒殿」で造り、奉納しています。

【大神神社《おおみわじんじゃ》】

奈良駅より、JR桜井線に乗り30分ほどで、三輪駅に着きます。もう目の前が最も古くからの日本のお酒の神様、「大神神社」です。古代の信仰の形を残し、

「三輪山」をご神体とし、本殿はありません。この三輪山は万葉集に「味酒《うまさけ》三輪山、あおによし奈良の山〜」とうたわれたほど、昔から美味しいお酒が醸《かも》された土地でした。今も、この神社で作られる「杉玉」をいただきに、全国の蔵元が参拝に来ます。

※杉玉……「酒林《さかばやし》」ともいわれ、酒蔵の軒先につるす。青々とした杉玉は新酒ができたことを知らせ、枯れて茶色になると、お酒が熟成したことをしめす。杉の葉がお酒の腐敗を防ぐため、醸造安全祈願の意味もある。

3日目

この日は、もっとお酒のことを知りたい！という方に、とっておきの「日本清酒発祥の地」にご案内しましょう。

【正暦寺《しょうりゃくじ》】

皆さん、禁酒のはずのお寺が何故清酒造りを？と思われることでしょう。中世日本では、お寺は最新の学問が集まる場所でした。お酒の醸造には当時の先端技術を使い、良い水とお酒を貯蔵する大きな建物、優秀な人材を必要としていました。それが揃った場所がお寺だったのです。また、その頃は「神仏習合」という日本独特の信仰の形でした。お寺の境内には必ず神社も祀られていたのです。そのため「神様に供える御神酒を造る」ということで、お寺でお酒を造ることに問題はなかったのです。明治時代の廃仏毀釈《はいぶつきしゃく》以降、お寺と神社は厳密に分けられるようになりました。

しかし、今もこのお寺には、お酒の元となる「酒母」を造る仕込み蔵があり、毎年1月には、奈良県内の酒蔵に「菩提酛《ぼだいもと》」として分け、各蔵が当時のお酒を造り続けています。このお酒は、正暦寺でも購入することができます。ここで売っている「正暦寺　菩提酛奈良漬」も美味しいですよ。

アクセス：「正暦寺」は、奈良と天理の中間地点の山の中です。紅葉の美しさで有名なお寺なので、シーズンには奈良駅からの直行バスが出ますが、その時以外は交通の便が悪いため、タクシーかレンタカーがおすすめです。中世・戦国時代に隆盛を極めた様は、見事な石垣にしのばれます。

正暦寺：奈良県奈良市菩提山町157

酒蔵探訪

・三宅本店（広島県呉市）

戦前は海軍の町として、現在も海上自衛隊の呉《くれ》地方隊《ちほうたい》や戦艦大和ミュージアムがある呉市。軍港としての色が濃く残っている街に、この酒蔵はあります。

もともとは白酒、みりん、焼酎を造っていたのですが、明治35年から清酒を造り出しました。その頃のエピソードに大変感動的な話があります。初代社長のお母さんの福さんと奥さんの千登さんが、「大衆勤労者にとって、いつでも美味しいお酒を売る」を肝に銘じ、蔵の店頭に立ちました。勤労者の奥さんたちにお酒を売り、それが大変功を奏したそうです。ですから、この酒蔵のブランド名は二人の頭文字を取って「千福」となったのです。お姑さんとお嫁さんの名前から、後の銘酒「千福」が産まれたという、大変素敵な話ですね。

戦前は日本海軍の御用蔵として、満州にも酒蔵を持っていましたが、呉も空襲で大損害を受け、終戦と同時に満州蔵もソ連軍に占領され、戦後はゼロからのスタートとなりました。しかし戦前から人気の酒蔵だったため、徐々に盛り返してテレビCMで流れる「千福一杯いかがです！」は流行語にもなりました。

現在も酒質の良さから人気の蔵ですが、現社長の三宅清嗣氏は大変自由な発想を持っている方です。かつて、日本酒業界は蔵元と杜氏集団は1年ごとの契約で結ばれていました。しかしそれでは、杜氏や蔵人が変わると酒質も変わってしまうことが多々ありました。清嗣社長はその常識を破り、杜氏と蔵人を全て社員にしました。その結果、社長の考え方が蔵の隅々まで伝わるようになり風通しもよくなりました。蔵の中を歩いているとたくさんの社員の方にすれ違います。どの方も必ず挨拶をしてくれます。本当に気持ちが良い蔵です。これも清嗣イズムが浸透しているからでしょう。

清嗣社長の自由な発想はお酒にも表れています。戦前、戦艦大和に載せていたお酒「神力　純米生酛無濾過原酒85」を復活させたかと思うと、アメリカの人気ロックバンドＫＩＳＳのお酒、そして世界的なゲームであるパックマンのお酒など、今までは考えられなかった業界とのタイアップでの商品開発に成功しました。

古いものから新しいものへの挑戦はどんどん進化していきます。この蔵の人気のお酒に「激熱」というお燗に向いているお酒があります。瓶は驚くことにまっ赤です。まるで広島東洋カープの赤ヘルを連想させます。このお酒のワンランク上の「激熱レボリューション」は同じ赤い瓶ですが、メタリックに輝いています。車のマツダの赤色をイメージした塗装を瓶に焼き付けたからです。まるで赤いスポーツカーのようなスタイリッシュな色合いです。

新しい商品開発をするのは、清嗣社長の御子息の三宅清史取締役です。清史取締役はワクワク企画室を作り、清嗣社長を超えるワクワク酒の開発に意欲的です。まだまだ三宅本店の快進撃は続きます。

〈株式会社　三宅本店〉
広島県呉市本通7の9の10　電話0823（22）1029
・蔵見学　10月～翌3月末　月曜から金曜まで　毎日14時から1日10名　4日前までに予約。

・磯蔵酒造（茨城県笠間市）

JR水戸線の稲田駅前にある酒蔵です。堂々とした門構えを入ると、いかにも酒蔵らしい蔵があります。駅の名前からもわかるように、大昔、稲作の神『稲田姫《いなだひめ》』が「私に供える御神酒をこの土地の水と米とで造りなさい」と命じた、という伝承が残る土地です。この地には、もう一つ大きな自然の恵みがあります。ここは日本一の御影石の産地で、その御影石を透過した地下水が蔵内に湧き出ています。磯蔵酒造さんでは、この地下水で全量の酒を仕込み、水道代を支払ったことがないそうです。このような酒蔵は、今の日本では大変珍しいといえます。酒造りに欠かせない、大変良質な米と水に恵まれた地にある酒蔵です。

蔵元の磯貴太氏は野武士のような風格を持った方で「この蔵の酒造りに一番重要なのは人。米の栽培、醸造、流通、そして飲んでいただく方。こういった方々に支えられて磯蔵酒造は成り立つのです」と言います。最高の環境と多くの人に支えられてできるお酒はしっかりと米の味がします。フルーティな香りのするお酒ではなく、米の味と香りのするライスィな酒造りを目指している酒蔵だからです。

〈磯蔵酒造〉

茨城県笠間市稲田2281の1　電話0296（74）2002

・蔵見学　電話で御予約ください。蔵には「きき酒場ぁ（BAR）ちょっ蔵」という試飲販売カウンターバーもあります。

・東京・浅草「ちょっ蔵　日本酒文化専門店　窖《あなぐら》」蔵直営の立ち飲みスタンドです。お酒もお酒にまつわる小物も売っています。

東京都台東区浅草2の2の1　電話03（3845）2002

定休日なし　11時〜18時

・吉田酒造（福井県永平寺町）

「永平寺の自然。大地、水、そして風土。一粒ひとつぶにその全てが凝縮された白龍の米。」先代の6代目蔵元吉田智彦氏の想いです。今は奥様が蔵元となり次女の方が杜氏で、長女夫婦のお二人が営業を担当し、先代の夢「永平寺テロワール」の実現に挑戦している酒蔵です。

先代の蔵元がこだわった米から作る酒造りをしっかりと継承しています。それぞれの酒蔵が米を作り、その米でお酒を造ると思っている方が多いと思いますが、実は酒米は買っている蔵がほとんどです。吉田酒造がいう「米と生きる郷酒蔵《さとさかぐら》　目が届く・手が届く・心が届く」のこだわりも米から作っているからこそいえることなのです。

またYouTubeなどSNSを使った発信にも積極的で、毎月第4土曜日の19時から「白龍TV」の生配信もしています。少人数の酒蔵なので酒蔵見学ができない代わりに、このような動画や公式LINEなどを使い、消費者の皆様との接点を積極的に求めている姿は、これからの新しい酒蔵の在り方の一つでしょう。

〈吉田酒造〉

福井県吉田郡永平寺町北島7の22　電話0776（64）2015

お酒と歴史のコラム2

上杉謙信が愛した酒器

私は名前のとおり、戦国時代の上杉謙信公を祖先にもっています。江戸時代は上杉本家の分家で「出羽米沢新田藩」一万石の大名でした。そして、明治維新後は上杉子爵家として続いてきました。

謙信公は、戦国大名として有名ですが、またこよなくお酒を愛した武将としても知られています。妻子を持たず、戦いに明け暮れた人生の伴侶だったのがお酒でした。今も、米沢の上杉神社稽照殿《けいしょうでん》では、謙信公愛用と伝わる酒器をみることができます。

ひとつは「春日杯」と呼ばれるもので、日常に使用したものといわれます。盃は木製の朱漆塗りです。この盃は高台《こうだい》というものにのっています。高台は、身分の高い方に飲み物をお出しする際に、湯呑や盃の台となるものです。こちらは上の部分が朱漆、台の部分は黒漆になっています。全体は、今見てもとてもモダンなデザインです。直径10センチ、深さ6.5センチという2合あまりも入る大盃です。

もうひとつは、中国の明で作られた舶来のものです。内側が金箔、外側は七宝で青地に赤・白・黄・紫などの菊花が描かれているとても華やかな盃です。これは「馬上杯」と呼ばれる細い脚付きの特殊な形をしています。直径は12センチ、やはり3合は入るという盃です。

大胆にあおるようにお酒を飲む、勇猛果敢な戦国武将の姿を彷彿とさせる盃ですね。

しかし、当家には、別の謙信公を偲ばせるものが伝わっています。それは戦国時代に武将たちや一休和尚らに愛された笛「一節《ひとよ》笛《ぎれ》」です。この笛は長さ30センチあまり、ふところに入る大きさであり、武将たちが戦地でも愛用することができました。室町時代の能衣装の裂《きれ》に包まれ伝わってきました。謙信公がお酒を楽しみながらこの笛の音に耳を傾けられたのか、酔いをさますために山城に立って一人笛を吹かれたのでしょうか。想像をふくらませることができます。

お酒と歴史のコラム3

室町時代から贈答品のナンバーワンはお酒だった！

お付き合いを円滑にするために、贈答品には今も頭を悩ませますね。贈り物とお返しの文化は室町時代頃から盛んになったのではないか、といわれています。

それでは当時、どのようなものが喜ばれていたのでしょう。もっとも、記録に残っているのは天皇や将軍・公家や大名クラスの人たちの贈答の記録です。その中には、絹織物や最高級の紙、屏風や扇などがありました。牛1頭が足利将軍に贈られた記録もあります。

その中で、もっとも頻繁に贈られたのが「銚子提《ちょうしひさげ》」と書かれているものでした。「銚子提」とは、当時貴族の宴会でよく使われた長い柄の付いたお酒を入れる容器のことです。注ぎ口も付いており、そのまま宴会の席に用いることができました。他のものと合わせてお酒は贈答品に欠かせないものでした。

その頃の貴族社会は驚くほどの酒浸りで、何と天皇の妹までが宮中で泥酔したうえ、転んで手を痛めたという話が残っているほどです。お酒の贈答が期待されたのも、もっともなことでした。

また、外国人が驚くほど、贈り物に対して律儀にお返しをする風習がある日本人ですが、そのはじまりも室町時代のようです。当時から江戸時代まで盛んだった年中行事に「八朔《はっさく》」という旧暦8月1日の節句がありました。

この日は、夏から秋へ移り変わる時期で、とくに贈答が盛んでした。その上、武家社会の中では主従の絆を確認し合うという意味もあり、贈り物をいただいた際のお返しはとても重要でした。普通、お返しは当日か3〜4日のうちに行うのですが、まれに1年後にお返しをする場合もありました。その時は当年分の返礼と合わせて2年分のお返しをする、ということもあったようです。贈った方もいただいた方も1年前のことを必ず覚えていて、律儀にお返しをしあったのでした。日本人のお返しに対する律儀さはこの辺にルーツがあるといわれています。しかしまた、当時はいただいたものを、また他への贈り物にするという「使いまわし」も普通に行われていました。返礼にふさわしいものが手元にくるまで、お返しは保留ということだったのかもしれません。

八朔の節句は特に江戸時代がさかんでした。なぜなら、徳川家康が江戸城に入ったのが8月1日ということで、徳川幕府では特別な日だったからです。この風習は250年続いた平和な時代の中で庶民の間にも浸透し、今に至るまで日本人の行動のお手本になったというわけです。

室町時代の贈答品
人気No.1
銚子
提
その他人気の品
扇
最高級紙
絹織物
屏風

あとがき

この本を手に取ってくださった方に、日本酒の魅力は伝わりましたでしょうか。「今度、近所のコンビニにどんな日本酒があるのか見てみよう！」と思っていただけたら、この本は大成功です。

地方を旅して、「酒林」と呼ばれる杉玉の下がった、由緒ありげな建物に出会えば、そこには美味しい日本酒があるはずです。新酒ができると緑の杉の葉で造られた酒林が下げられ、日が経つにつれお酒の熟成とともに茶色になってゆく。そのような酒林の意味を知れば、旅はさらに楽しくなります。そして、旅の楽しみが地元の食であるならば、ぜひ地元のお酒も注文してみてください。

今、若手のお酒の造り手も増え、酒蔵が開放される機会も多くあります。「あそこで蔵開きがある！」「次は新酒まつりだ！」と旅のきっかけにもなるでしょう。今は、「バーチャル蔵まつり」なども楽しめます。

世界の中で、長い歴史を持つ会社が圧倒的に多いのが日本です。そして、その多くを占めるのが酒蔵です。この数の多さは、他の産業の追随を許しません。酒蔵はその土地に根差した、伝統と文化を担って来ました。多くの方が、興味をもって、日本酒を手にとっていただければ、これからも酒蔵は存続していけます。

日本の誇る発酵食文化の一翼を担う「日本酒」を、今後ともどうぞよろしくお願いします。

この本を執筆するにあたり、イラストを描いてくれたささつゆさんと、若い世代の代表として適切なアドバイスをしてくれた編集者の高田ななこさんに深く感謝します。

上杉孝久

酒粕
美濃 紅梅

参考書籍

秋山裕一「清酒　その文化・科学・産業」FFI JOURNAL Vol 212
宇都宮仁「清酒のおいしさ」FFI JOURNAL Vol 212
松藤淑美・中川智行「酵母の二日酔い攻略法」生物工学会誌第88巻第9号
寺田啓佐「発酵道」河出書房新社
小泉武夫「発酵はマジックだ」日本経済新聞社
成瀬宇平「酒とつまみの科学」ソフトバンククリエイティブ社
滝澤行雄「1日2合日本酒いきいき健康法」柏書房
坂口謹一郎監修「日本の酒の歴史」研成社
吉田元「ものと人間の文化史172　酒」法政大学出版局
盛本昌広「贈答と宴会の中世」吉川弘文館
大浦春堂「神様が宿る御神酒」神宮館

著者紹介

上杉　孝久（うえすぎ・たかひさ）

日本酒プロデューサー、日本食文化会議理事長
池袋コミュニティ・カレッジ講師

1952年、東京都出身、学習院大学卒業後、出版業界を経て、日本酒サロン・日本酒テイスティングバーなどを出店。百貨店において、若い女性のマーケットを創造するなど日本酒販売に革命を起こした。現在は、日本酒文化を広く理解してもらうための講座・セミナーを年100回以上行っている。
上杉子爵家（米沢新田藩）九代目当主として、歴史講演も多数。

著書：「日本史がおもしろくなる日本酒の話」（サンマーク出版）

出演番組：NHK「偉人達の健康診断―上杉謙信」
NHK「逆転人生―逆転の日本酒世界に羽ばたく」
TBS「この差って何ですか？」他

いいね！　日本酒《にほんしゅ》

はじめての美味《おい》しい1杯《ぱい》

2020年7月7日　第1版　第1刷発行

著　者　上杉孝久

発行所　WAVE出版
〒102-0074　東京都千代田区九段南3-9-12
TEL 03-3261-3713　FAX 03-3261-3823
振替 00100-7-366376
E-mail: info@wave-publishers.co.jp
https://www.wave-publishers.co.jp

印刷・製本　萩原印刷

NDC596　191p　19cm　ISBN978-4-86621-292-0